食品机械的
面向服务多企业联合
再制造模式研究

张　丹◎著

SHIPIN JIXIE DE
MIANXIANG FUWU DUOQIYE LIANHE
ZAIZHIZAO MOSHI YANJIU

内容提要

本书针对国内已有的再制造模式，在对几种模式的优缺点进行分析的基础上，针对食品机械的特点，提出了符合食品机械特征以及食品机械再制造特点的面向服务多企业联合再制造模式。分析了该模式的特点、实施路径以及构成等，并对废旧食品机械的回收时域进行了预测，建立了回收时域数学模型；对运输网络进行了优化，建立了运输网络的优化模型，确定了回收中心数量以及运输路径；对主生产计划进行了优化；最后对 SOMEJR 模式原型系统进行了开发。

本书可为从事食品再制造生产的技术人员和管理人员提供借鉴与参考，也可作为高等院校再制造管理方向研究生的参考资料。

图书在版编目（CIP）数据

食品机械的面向服务多企业联合再制造模式研究/张丹著.
—北京：中国石化出版社，2020.6
ISBN 978－7－5114－5662－5

Ⅰ.①食… Ⅱ.①张… Ⅲ.①食品加工机械－机械制造工艺—研究 Ⅳ.①TS203

中国版本图书馆 CIP 数据核字（2020）第 073812 号

中国石化出版社出版发行
地址：北京市东城区安定门外大街 58 号
邮编：100011 电话：(010)57512500
发行部电话：(010)57512575
http://www.sinopec-press.com
E-mail:press@sinopec.com
北京九州迅驰传媒文化有限公司印刷
全国各地新华书店经销
*
710×1000 毫米 16 开本 12 印张 212 千字
2020 年 12 月第 1 版 2020 年 12 月第 1 次印刷
定价：60.00 元

前　言

资源危机日益严重，为了实现资源再生走可持续发展的道路，客观要求使再制造工程成为节能环保的绿色途径。本书在国家自然科学基金项目的资助下，以食品机械为研究背景，提出了一种新型再制造模式，并对其相关问题进行了研究。

本书分析了再制造工程的发展历程，指出再制造是缓解资源危机、走可持续发展道路的重要途径。国内已开展工程机械、矿山机械、汽车等产品的再制造活动，食品机械再制造近几年才被提出，再制造是食品机械走可持续发展道路的迫切需求。针对国内食品机械企业特点以及食品机械再制造的特殊性，提了出一种面向服务的多企业联合再制造（Service – Oriented Multi Enterprise Joint Remanufacturing，SOMEJR）模式，该模式同样适用于对再制造有特殊需求的产品。本书共8章，其中第1章为绪论，第2章通过对三种主要再制造模式的优缺点进行分析，在此之上结合国内食品机械企业特点以及食品机械再制造的特殊性提出一种面向服务的多企业联合再制造（SOMEJR）模式，并对SOMEJR模式的组成、概念、特点以及实施路径进行阐述；分析对比了四种再制造模式，指出SOMEJR模式的优势。第3章对SOMEJR模式下在最佳回收时机内对废旧品进行回收，对影响食品再制造回收时机的相关因素进行了分析；建立考虑了影响食品机械再制造回收时机相关因素的最佳回收时机的数学模型；利用两参数威布尔分布拟合失效率函数，将产品的可靠度作为约束条件来确定最佳再制造时机，最后通过实例分析验证了所建模型的可行性。第4章对SOMEJR模式下的运输网络优化问题进行了研究；提出了消费者参与制（Consumer Participation System，CPS），并对消费者参与制概念及特点进行了说明；以运输成本为优化目标，建立了基于SOMEJR模式的消费者参与制下的运输网络优化数学模型；最后通过实例验证了模型的可行性。第5章对SOMEJR模式下的主生产计划问题进行了分析研究，以企业再制造利润作为优化目标，建立了主生产计划数学模型；对不确定变量引入三角模糊函数，通过实例分析验证了主生产计划模型的可行性。第6章对SOMEJR系统信息集成框架模型进行了研究；并对其运作的环境、功能模块的设计进行了阐述，对SOMEJR系统进行了总体设计。第7章对面向服务的多企业联合共建再制造企业相关问题提出建议。第8章对SOMEJR模式的未来发展进行了展望。

本书得以出版，需要感谢“西安石油大学优秀学术著作出版基金”以及“西安石油大学博士助推计划”的资助。本书是作者近年在相关领域工作的总结，同时，本书的研究工作获得了长安大学工程机械学院相关专家的帮助与支持。在此，向所有支持作者研究工作的单位及个人表示衷心的感谢！本书在编写过程中也参考了国内外许多研究成果，在此一并感谢！

由于作者水平有限，书中不妥之处在所难免，恳请读者批评指正。

目　　录

1　再制造工程概述

1.1　再制造发展历史

1.1.1　再制造的提出背景

进入18世纪以后，工业化对全球的冲击巨大，经济发展与社会进步同步进行逐渐变成主题，绝大部分技术研究与制造策略制定都以此为核心展开，各个国家为了争取竞争中的主导地位，影响当时市场随时变化的需求，纷纷推出一系列的先进制造概念，如敏捷制造（Agile Manufacturing，AM）、柔性制造（Flexible Manufacturing，FM）、智能制造（Intelligent Manufacturing，IM）和可重构制造（Reconfigurable Manufacturing，RcM）等，以上众多制造模式都是顺应时代应运而生。19世纪60年代，为了顺应当时人们的物质需求而提出了定制生产，此后的几十年，日本与西欧等诸多资本主义国家经济迅速发展，在世界范围内形成了全新的竞争局面，制造理论取得了重大发展，涌现了一大批新的制造理念，例如上文中提到的敏捷制造、柔性制造等，新型制造模式不仅大大减少了生产时间，更有效降低了制造成本。人类要追求经济的更快增长，并且要实现经济的可持续增长，一味追求经济的增长而忽略其他是错误的，可持续性的经济增长才是正确的发展方向。图1.1为经济增长和发展进化矩阵图。

因素 \ 阶段	经济增长	经济发展	可持续增长	可持续发展
经济	●	●	●	●
社会	◔	◑	◕	●
环境、资源	○	◔	◑	●
技术	◔	◑	◕	●

图1.1　经济发展的阶段及其涉及的相关因素

再制造的雏形可以追溯到20世纪40年代处于二战时期的美国，各个汽车零部件制造企业均出现供应不足的现象，美国福特公司率先将部分发动机残次品通过维修的方式对其再加工后用于新车装配，由于公司对这批发动机质量严格把控，它们展示了出乎意料的良好性能，表现不亚于新品发动机。战乱结束后，美国福特公司顺理成章地将“再制造”技术转变为公司的业务[1]。

到了20世纪70年代，卡特彼勒公司也开始关注“再制造”。随后的几十年中，再制造技术逐渐被全世界所关注，各个国家开始走绿色环保节能的可持续发展道路，将目光投向再制造工程。徐滨士院士于20世纪末将“再制造”的概念引入中国，并在90年代发表一系列与再制造相关的文章，在随后的20年，再制造工程在中国逐渐发展起来。中国再制造相比发达国家起步晚，但发展较为迅速，目前已经建立了多个领域的再制造试点企业，这些企业的再制造相关设备均依赖进口，只有少部分企业与国内研究机构建立了合作关系，针对核心零部件的再制造技术进行研发。其中具有中国特色的是几何尺寸修复与废旧零部件性能提升技术，已取得少量技术点突破。总体来看，再制造试点企业的设备与技术配套性还不够完善，技术发展不够均衡，目前无法支持再制造扩大发展。但国家极为重视再制造相关技术研发，目前已形成一批有关再制造技术的专利与标准，成为再制造在国内推广发展的技术基础，再制造国家级重点实验室的陆续成立也在很大程度上为再制造产业的发展推波助澜。国家在再制造产业新的发展规划中提到：需加速建立国家级再制造研究中心、再制造品质检中心，尽快形成有关再制造设备研发与生产体系，推动再制造产业在国内的发展速度[2]。表1.1列举了国内从事再制造生产代表性企业及其主要再制造产品。

表1.1　国内部分再制造企业及其主要再制造产品表

序号	企业名称	产品
1	徐工集团有限公司	挖掘机及液压油缸
2	武汉千里马工程机械再制造有限公司	挖掘机及零部件
3	武汉华中自控技术发展有限公司	卧式／立式车床及铣镗床
4	上海大众联合发展有限公司	发动机
5	潍柴动力（潍坊）再制造有限公司	汽车零部件
6	广西玉柴机器股份有限公司	汽车零部件
7	柏科（常熟）电机有限公司	汽车电机
8	大众一汽发动机（大连）有限公司	发动机/变速箱
9	一汽解放汽车有限公司无锡柴油机厂	发动机
10	济南复强动力有限公司	发动机

续表

序号	企业名称	产品
11	东风康明斯发动机有限公司	发动机
12	陕西法士特汽车传动集团有限责任公司	汽车零部件
13	卡特彼勒再制造工业（上海）有限公司	泵、马达
14	戴姆勒奔驰亚太再制造中心	发动机、传动系统
15	“一汽”无锡柴油机厂	发动机及零部件
16	奇瑞汽车股份有限公司	汽车发动机及零部件
17	广州市花都全球自动变速箱有限公司	汽车自动变速箱
18	三一集团有限公司	重机械、泵车整机及零部件
19	重庆机床有限责任公司	普通车床与滚齿机

再制造是将收集到的废旧电子产品、机械产品、汽车产品等利用先进的再制造修复技术（例如表面喷涂、几何尺寸恢复、热处理等）进行修复或用新零部件进行替换，使废旧品翻新的过程。再制造新品的质量可以达到甚至超过新品，成本仅为新品的50%，能耗方面再制造产品可比新品节省60%，节省材料可高达70%。相比新品，再制造产品对环境的不良影响显著降低，可节能47%~74%，对空气的污染减少86%，对水的污染减少76%，固体废物减少97%等。

据统计，1t再制造产品可减少4t工业废弃物。再制造工程会逐渐规模化，包括食品机械、废旧汽车再制造、废旧机床再制造、废旧电子设备再制造以及大型机械装备再制造、矿山机械和工程机械再制造几个方面。再制造工程已然成为影响全球经济发展的一股新势力。

中国已经成为装备生产与使用大国，市场保有量逐年攀升。中国同样是制造业大国，大约拥有500多种重要工业产品，其中220多种产品产量已处于全球领先地位，但随之而来的是大量的报废产品。表1.2列举了近几年国内部分产品产量以及报废数量。迫于资源危机和环境的压力，再制造的推广实施已成为社会实践的客观要求[3]。

表1.2 国内部分产品近几年产量及报废量

产品	产量	报废数量
肉类加工机械	39万台	9000台
饮品加工机械	23万台	8000台
工程机械	650万辆	120万台

续表

产品	产量	报废数量
汽车	1.84 亿辆	800 万辆
电子产品	2 亿台	7500 万台
内燃机	4 亿台	2617 台
办公设备	5100 万台	620 万台
石油机械	460 万台	98 万台
矿山机械	4.4 亿台	3456 台
彩色电视	5.4 亿台	3102 台
电冰箱	4.2 亿台	2142 万台
洗衣机	4.0 亿台	1468 万台
房间空调器	3.6 亿台	2358 万台
微型计算机	2.5 亿台	2185 万台
手机	10.8 亿台	18291 万台

中国再制造依然面临着种种障碍。近年来，尽管国务院、国家发改委以及工业和信息化部等相关部门颁布出台了种种有利于再制造产业的相关法律法规，不断制定、修改再制造目录，推进再制造产品质量的认证等，使再制造产业得到了一定程度的推广与发展，但纵观整体，目前再制造仍然处于发展的初级阶段，远远落后于西方发达国家，国内再制造产业还未形成一定规模，废旧产品的回收逆向物流体系建设不够全面，有严重滞后的现象，部分再制造关键设备仍依赖进口，大部分再制造企业规模小，无法形成强有力的竞争，虽然有发展潜力，但未得到市场的认可，在技术、回收、政策方面还需克服一系列阻碍，再制造在中国的发展任重而道远。

政策法规支撑不足。虽然国家出台了相关法规文件来支持、鼓励再制造业的发展，然而政策普遍存在实施细则缺乏、操作依据不够明确的现象。目前中国再制造目录还不够完善，一些规则修订滞后。中国尚未出台有关再制造品在市场流通的管理制度。再制造相关企业采购废旧产品无法获得增值税发票或成本抵扣，减少了企业的利润空间，使企业积极性降低。再制造产品的“以旧换新”财政支持政策并未获得理想效果，再制造试点企业方案实施后，遇到重重障碍，例如“以旧换新”信息管理系统操作程序烦琐、数据审核过于严格，一些企业因产品信息录入未规范操作或信息不全导致补贴不能领取。

再制造关键技术研发缓慢。目前，多个再制造行业发展迅速，而发动机再制造关键技术研发速度短期内还无法跟上再制造发展需求；一些关键技术研发中缺实验环节，有碍再制造生产效率与可靠性的提高。

逆向物流有待进一步完善和发展。废旧产品是再制造业的原材料，国内缺乏有效的废旧产品回收体系，废旧产品回收变得十分困难。首先，与废旧产品回收相关的政策法规亟待修订，如《报废汽车回收管理办法》中规定，报废汽车五大总成必须以废旧金属形式出售给钢铁企业，禁止进口废旧件；工程机械由于缺乏强制报废制度导致很多工程机械都“带病施工”，海关进出口监管也没有明确“废旧产品”的管理规则。其次，废旧产品回收机构不明确，逆向物流作为新型物流模式仍在探索期，未形成能与再制造能力相配套的废旧产品回收规模。

再制造品相比新品的市场认知度低。社会和消费者对再制造产品没有清晰的概念，将再制造和“翻新”两者的界限划分不清，存在偏见。究其根源是国内市场翻新产品鱼目混珠，没有明确的翻新品标识和工艺标准。而再制造则是利用先进技术对废旧产品进行修复，并对原产品技术升级，再制造产品的性能可达到甚至超过新品。无论整机或者零部件，无论换件或者修复法，再制造企业坚持的基本原则是“再制造产品无论质量或性能须高于新品”。

地球人口越来越多而资源却是有限的，一些不可再生资源已经濒临枯竭，经济的发展不得不以牺牲人类生存环境为代价。21 世纪以来，全球发展形势发生了重大变化，各个国家在注重经济发展的同时将更多的目光投向发展的可持续性上，人口问题、资源与环境问题已经被提上日程，人们关注的焦点已经从经济发展转向缓解资源危机，减少环境污染上来，这是以前所提出的制造模式所不具备的。中国已经开展了关于工程机械、矿山机械、汽车、电子产品、机床等废旧品的再制造活动，食品机械再制造已被提上日程。对于食品机械而言，无法在同一家再制造企业、同一条再制造生产线进行生产作业。

食品机械对食品安全有重要影响，它对生产环境、流水线的卫生与安全情况同样要求严格，所以现有生产其他再制造品的再制造生产企业以及生产流水线不适合同时开展食品机械再制造作业，否则引起食品污染将对人身安全造成威胁；另外用于食品机械再制造修复的工艺技术以及修复材料也应与用于施工机械产品有所区别，应使用安全无毒害的绿色材料以及绿色再制造修复工艺。

食品机械再制造具有以下几点要求：

（1）卫生要求。这是区分食品机械与其他机械设备的基本特征之一。直接与食品接触的机械设备以及零部件必须具有以下特性：无毒、耐腐蚀、易于拆卸、易于清洁或可随时清洗、不能留有清洗死角。死角会导致食物残渣积累和微生物生长繁殖。传输单元密封不可靠会导致润滑剂外漏，污染食物[5]。

（2）食品安全要求。食品关乎消费者身体健康，因此有必要建设其专属的再制造生产线，避免与施工机械类产品在同一流水线进行再制造作业，避免产生因污染使产品含毒、含菌等直接危害消费者身体健康的因素[5]。

（3）能耗要求。提高能源利用率以节省能源是食品机械再制造需要考虑的因素。如果食品企业想要拥有竞争力，不仅要考虑产品本身来节省成本，还要对加工设备进行再制造，替代导致严重浪费能源的旧设备[5]。

（4）人机集成要求。利用人机环境系统工程知识，考虑食品机械对操作人员生理和心理的影响，通过再制造提高工作条件和工作效率。例如：通过再制造设计提高安全性和舒适性，增加人机系统的智能对话，简化操作流程以防止操作失误。重视食品机械的智能化和操作自动化，降低操作人员的劳动强度，降低使用和维护过程中的技术难度。例如低噪声、良好的动力系统、良好的减震系统等是绿色再制造的基本表现[5]。

（5）可靠性要求。设备在一定条件、一段时域内完成特定功能的能力，是再制造项目中不可忽视的重要指标。在现代机械工程中，食品机械倾向于自动连续工作，如果某个环节出现故障，整条生产线就会停止工作，甚至已经投入生产的原材料也可能被浪费而导致更多资源被浪费。当进行食品机械的再制造设计时，应综合考虑到食品机械的可靠性、环保性、成本和利润。如果仅考虑产品的可靠性，忽略环保性，设备将面临市场准入壁垒，竞争力也将丧失；但如果只考虑绿色特性，这些设备也会被市场淘汰[5]。

为了满足再制造产业以及企业的发展需求，多种再制造模式应被提出来以适应不同的再制造环境，在实现经济与社会发展的同时减少环境污染与资源消耗。以先进的再制造技术作为支撑，在保障了再制造行业竞争能力的同时，实现了再制造业的可持续发展。

目前再制造有3种主要模式[6]：原始制造商再制造模式（Original Equipment Manufacturer，OEM）、独立再制造商（Independent Remanufacturing，IR）、承包商再制造模式（Contractor Remanufacturing，CR）。另外还有两种非主流再制造模式：零散再制造商（Scattered and Small Remanufacturer，SSR）以及联合再制造模式（也可称为混合再制造）。大量文献对OEM再制造模式、IR模式以及CR模式进行了研究，并对其模式下的逆向物流、生产计划、调度、库存管理模块进行了深入研究。中国部分企业已经展开了关于上述模式下的再制造业务。例如：潍柴动力再制造有限公司和济南富强动力股份有限公司采用 OEM 再制造模式进行废旧品的再制造生产；独立再制造企业中，如洛阳大华再制造公司；承包再制造商模式下，如潍柴动力再制造有限公司将相关部件发送到承包再制造企业实施再制造，该公司的燃料喷射器再制造由承包再制造企业执行，即山东龙口油泵和喷嘴有限公司，承包再制造商还有上海大众联合发展有限公司等。

本书以食品机械为研究对象。国内大型食品机械企业较少，以中小型企业为主。由某一个企业建立针对食品机械再制造的再制造企业以及生产线较为困难，并且国内尚未有食品机械再制造企业，加之食品机械企业对再制造的特殊要求，因此现有再制造模式不适合食品机械再制造，需建立符合食品机械特点的再制造模式。

1.1.2 再制造的迫切需要

目前，通过对限制再制造的众多因素进行分析研究，追溯其本质，因为用于再制造加工的原材料来源于废旧产品，首先要进行拆卸，而在产品设计初期并未将后续的拆卸行为考虑在内，未进行再制造设计；另外产品的服役环境多种多样，服役环境的恶劣程度直接影响产品拆卸的难易程度。以上多种因素是废旧产品拆卸前期无法确定的。其次，拆卸后所得到的废旧零部件无法确定是否可以直接进行再制造装配或进行下一阶段修复，因此，拆卸之后所得到的废旧零部件也无法使用相同修复技术进行批量修复。最后，即便在再制造生产数目已知的情况下，也很难推算出所需废旧零部件的数量，即拆卸数量无法具体确定。拆解过程输出量是再制造过程的输入量，直接影响着再制造环节，而毛坯拆解的时间与数量是拆解的关键。加工路线的不确定是废旧零部件失效形式不确定的个体反映，废旧零部件失效程度的函数用高度变动的修复时间来表示。再制造系统中对废旧零部件的修复耗费时间与废旧零部件的失效程度密切相关，不同的废旧零部件所消耗的修复时间差异性较大，即便相同的零部件，由于其服役环境与服役时间的不同，导致其失效程度也不同，因此同样存在修复耗费时间长短不一致的情况。此外，当产品达到使用年限时，损耗率上升，因此维修频次也随之上升，每次维修的工人由于技术问题也会导致产品不同程度的磨损，增加再制造的修复难度。以上情况在传统再制造过程中普遍存在，这些不稳定因素极大地增加了对再制造系统优化控制的难度。

既然造成再制造系统诸多不确定因素和优化控制难度增加的源头来源于废旧产品，改变传统的再制造回收方式，将以往在产品彻底报废之后才进行主动回收的行为加以改进，可减少这些不确定因素。以往的被动回收改为主动回收，在产品彻底报废之前就进行回收，以此来控制回收产品的失效程度，这种回收模式极大减少了废旧品中不确定因素对再制造过程的影响。研究发现，一台新产品从服役开始一直到服役结束，整个过程其性能变化规律大致接近“浴盆曲线”，在浴盆曲线第一阶段和第二阶段，产品只需少量维修以确保其正常运行，直到产品服役时间进入“浴盆曲线”的第三阶段，在这个阶段中，产品的性能急剧下降，维修频次上升，磨损加剧，甚至失效，因此，在考虑对再制造的影响后，在产品即将进入失效曲线第三阶段前进行回收。

传统再制造技术对废旧产品的回收时间界定在彻底报废之后，即产品已经完全失去性能，在此阶段进行回收的产品需投入较大的再制造成本，并且不能使资源最大化被重新利用，如果回收的废旧产品损坏严重，将无法进行进一步的再制造修复，无疑造成了资源浪费，背离了再制造的初衷。研究表明，改变废旧产品的回收时间可以有效提高废旧产品的利用率。通过建立回收模型，优化求解得到废旧产品的最优回收时间之后主动进行回收作业，改良传统再制造模式中的回收时间限制，是一个良好的选择。其次，从宏观的角度分析传统再制造模式，在废旧产品彻底失效后进行回收的模式下，回收数量并不稳定，并且回收产品质量良莠不齐，种种弊端限制了再制造产业发展。如果原始产品生产商通过契约机制和消费者签订合同，制造商将商品以低于原价的价格出售给消费者，在使用若干年之后，但未到达商品的使用寿命周期的时候将产品返回至生产商，原始生产商随即对返回的商品进行再制造，之后再以更低的价格再次销售给消费者。这种新型的再制造模式，提供给消费者的不仅仅是商品本身，将是更优质的售后服务与产品捆绑进行销售，给消费者良好的消费体验和服务体验。企业不但实现了价值增值，践行了可持续发展的战略要求，更为消费者提供了优质的服务，这种新型的再制造模式命名为面向服务的主动再制造模式。它的出现不仅消除了绝大多数消费者对再制造产品的排斥、不信赖与再制造品质量的顾虑，还为再制造提供了良好的基础，从源头上降低了废旧品的诸多不确定因素，包括废旧品质量不确定、废旧品数量不确定，降低了废旧品品质对再制造效率和再制造品质量的影响，最终达到了节约资源、保护环境的目的，切实实现了企业的绿色发展。这种新型的面向服务的再制造模式将会对再制造产业的发展产生深远的影响。

传统逆向物流的研究起点始于消费者的废弃行为，在产品彻底报废之后进行回收，在逆向物流行为开始，由于产品彻底报废之后产生的影响再制造效果的因素较为复杂，为此本书以已有研究结果为参考，从不同的角度对逆向物流库存控制问题进行研究。

基于这一观点，本书在中国经济建设发展新常态这个背景之下，再结合国内再制造产业的发展情况与制约因素，提出了“面向服务的多企业联合再制造”，研究目的在于为再制造企业提供理论支持，为再制造产业发展提供新的发展思路。

1.2 国内外研究现状

1.2.1 国外研究现状

最近几年，发达国家的再制造产业发展迅猛。世界再制造产业已经高达1400亿美元。其中美国是再制造产业大国，其规模高达1000亿美元，拥有7.5万家再制造企业和50余万的再制造从业人员，工程类机械以及汽车成为再制造产业的重头戏，占产业规模的三分之二。以卡特彼勒为例，旗下再制造公司遍布北美、亚太和欧洲的8个国家，共拥有19家工厂、160余条生产线、4000多名从业人员，该公司在全球贩售的零部件中约五分之一为再制造产品，卡特彼勒已然成为全球再制造巨头。另一家公司为沃尔沃，其再制造工厂全球共计8家，年产量在120万件左右。除此之外，凯斯和小松等企业从事再制造产业也已40年有余，美国的《复苏法案》支持180亿美元用来资助再制造技术研发，并且对再制造相关研究机构予以永久性税收减免。日本再制造产业已经形成规模，再制造产品遍布在生活的各个角落，从汽车到人们使用的手机都可以见到再制造产品。再制造产品在日本民众的普及度很高，人们并不排斥再制造产品，通过再制造可以减少日本国内二氧化碳的排放量。循环再生经济也可节约国家资源，对环境友好。日本对已有的税收支持政策进行新的修订，新修改后的税收政策对再制造产业也给予了极大支持。再制造工程在日本是有发展前景的新兴产业。法国则极力推动国内中小企业积极参加欧盟的研发项目工程，对创意活动表示支持，同时加强对知识产权的保护，扩大国内基础研发的鼓励力度，与日本进行了学术交流活动，吸取彼此经验与不足[8]。表1.3列举了国外再制造代表性企业及其主要再制造产品。发达国家再制造各具特色：美国将再制造产业重点集中在创新发展新材料、新能源和生物技术等，也颁布了一系列法律政策来支持再制造产业；日本着重研发新型产业；法国主要依靠知识和技术密集产业。

表 1.3 国外部分再制造企业及其主要再制造产品

序号	公司名称	再制造主要产品
1	卡特彼勒	工程机械
2	沃尔沃	汽车发动机及零部件
3	福特	汽车自动变速箱
4	利勃海尔集团	发动机
5	株式会社小松製作所	工程机械 、矿山机械
6	梅赛德斯 – 奔驰汽车拆解中心	汽车零部件
7	ジャパンリビルト 株式会社	汽车零部件
8	雷诺	发动机
9	通用	发动机
10	Cardone	汽车零部件
11	通用、克莱斯勒、福特	汽车回收利用研发
12	CASE	工程机械

国外再制造研究涵盖了整个再制造产业链，包括从再制造设计、废旧产品回收逆向物流、再制造处理技术、再制造品如何定价、再制造产业发展再到再制造市场相关研究等方面。废旧产品失效分析，收集产品反馈信息，指导设计者对产品设计进行改良，提升改良后产品的性能与可靠性。国外分析无法进行再制造的废弃物，找出其中薄弱环节，将信息反馈至产品设计人员，以供其改进设计，并研究有利产品设计与再设计的再制造策略。

John W. Sutherland 等[9]提出了一种确定再制造与新制造相比的能量强度和效益的方法，并应用于柴油机实例。Liu Ming 等[10]提出了剩余强度的概念，在此基础上，提出并扩展了主动再制造中的时间确定方法，最后，为了验证该方法对曲轴的分析，确定了发动机的主动再制造时机。Li J 等[11]研究了一个具有两级闭环供应链的演化博弈模型，研究了制造商和零售商的进化稳定策略，通过对博弈演化路径的分析，发现厂商可能会受到两种可能进化结果的影响。Majumder 和 Groenevelt[12]建立了两周期的模型，并对四种各异的“空壳分配机制”条件下的制造商与再制造商的混合再制造决策进行了研究。YIN 等[13]建立了双寡头垄断模型，并对企业规模和技术创新模式的选择关系进行了研究。MAJUMDER 等[14]分析了两期再制造竞争的模型，并考虑在四种废旧品的回收分流机制下的 OEM 和 IR 竞争策略。Örsdemir A 等[15]鼓励 IR 代替 OEM 再制造可能不利于环境。此外，当再制造厂商是 OEM 时，改善了环境影响，而当 IR 进行再制造时，则使环境影响恶化。FERRER 等[16]分析了 OEM 和 IR 两种模式并存下，双寡头垄断市场的竞争、各个参数变动对均衡价格、利润、再制造活动等造成的影响。

在再制造逆向物流方面，面对废旧品来源和再制造产品市场需求量的不确定和物料需求计划，创建了再制造物料管理系统；综合再制造成本与收益的考虑，提出了适用于再制造系统的废旧品回收模型；同时对再制造企业的回收逆向物流、销售正向物流展开了系统的研究与分析，并建立再制造闭环供应链模型。Savaskan 等[17]分析了单独制造商和两个零售商构成的再制造闭环供应链，并讨论了零售商之间有竞争时制造商对回收渠道选择的问题。Jin M 等[18]建立了一个博弈理论模型来重新考察第三方再制造对正向供应链的影响。Mavi R K[19]采用模糊逐步加权评价比分析法对第三方回收的逆向物流进行排序和选择，提出了多属性决策模型 MADM 和一种改进的模糊复合比例评价模型 COPRAS，用于在存在风险因素的情况下对可持续第三方逆向物流进行排序和选择。Savaskan 等[20]研究了基于双边垄断市场的闭环供应链决策问题，比较三种传统回收渠道的好坏，并对集中决策下供应链的收益对比得出零售商负责回收最优。

在再制造生产计划方面，Bulmus S C 等[21]研究了原始设备制造商（OEM）和独立运作的再制造商（IO）之间的竞争。Y Li 等[22]分析了一个具有制造、再制造和紧急采购功能的混合系统，并以总成本最小作为优化目标，使用遗传算法对制造批量以及再制造时间点进行了规划。Ferguson 等[23]分析了 OEM 模式在再制造品生产时有先动优势，IO 只在 OEM 模式决定不开展再制造时才进入再制造市场。Vaidyanathan Jayaraman[24]对再制造拆卸系统、再制造子系统两者间的关系进行了分析，建立起考虑再制造拆卸与时间双重限制的模型。

对于再制造设计，国外考虑了产品的零部件再利用、回收使用和再制造等相关设计方法，考虑了在产品设计初期有利于报废回收再制造的设计，另有专门的技术团队对产品全生命周期中面向再制造评估使用的产品图表进行设计。Paterson D A P 等[25]对再制造产业进行调查，在此基础上提出了“面向再制造设计”的概念，并提出了提升产品的可再制造性设计指南。SUNDIN[26]等对再制造产品设计过程进行了分析优化。BARKER[27]等提出产品设计务必考虑使其易于拆卸、性能升级以及有效并且快速地检测质量。欧美发达国家在对产品进行再制造设计时与具体产品相结合，对于材料设计、紧固方式、拆卸，以及结构设计等再制造中的重要因素进行重点研究。通过废旧品失效分析，收集产品反馈信息，指导设计者对产品设计进行改良，提升改良后的产品性能与可靠性；分析无法进行再制造的废弃物，找出其中薄弱环节，将信息反馈至产品设计人员以供其改进设计；

对再制造过程中质量控制与生产规划进行分析；探究了生产过程中物料管理以及产品规划等问题；考虑废旧品质量良莠不齐，分析了再制造品规划问题，并建立再制造产品质量等级系统。

1.2.2　国内研究现状

为了支持与规范再制造产业在国内的大力推广，国家出台了一系列法律法规与政策来约束与鼓励再制造。2005 年，经国务院批准，再制造被国家作为首批循环经济试点的重点领域[28]。在随后的十几年中，国家陆续出台一系列法律法规来支持再制造的发展。表 1.4 为近年来国家出台的与再制造相关的法律法规政策。

表 1.4　近年来国家出台的与再制造相关的法律法规政策及相关文件

年份	发布机构	政策文件名称	相关内容
2000	中国工程院咨询报告	《绿色再制造工程及其在我国应用的前景》	对再制造内涵，设计技术，关键技术进行系统全面论述
2005	国务院	《国务院关于做好建设节约型社会近期重点工作的通知》	支持废旧机电产品再制造
	国务院	《国务院关于加快发展循环经济的若干意见》	将“绿色再制造技术”列为“国务院有关部门和地方各级人民政府要加大经费支持力度”
2006	中国工程院咨询报告	《建设节约型社会战略研究》	机电产品回收利用与再制造列为建设节约型社会 17 项重点工程之一
2007	国务院	《国务院副总理曾培炎批示》	汽车废旧零部件作为再制造试点行业，总结经验，适时修订法律法规
2008	全国人大常委会	《中华人民共和国循环经济促进法》	阐述再制造，国家支持企业开展工程机械、机床等产品再制造，再制造与翻新品需符合国家规定的标准，并在显著位置表示再制造产品或翻新品
2009	发改委	《循环经济促进法》	将再制造纳入法制轨道
	工业和信息化部	《关于组织开展机电产品再制造试点工作的通知》	工程机械、机床、铁路机车装备、农用机械、工业机电设备、矿采机械、传播和办公设备
		《机电产品再制造试点单位名单（第一批）》	涵盖工程机械、工业机电设备、机床、矿采机械、铁路机车设备、船舶、办公信息设备等有 35 个企业和产业集聚区

续表

年份	发布机构	政策文件名称	相关内容
2010	国务院	《国务院关于加快培育和发展战略性新兴产业的决定》	指出发展这个节能环保产业，重点开发推广高效节能技术装备产品，实现重点领域关键技术突破，带动能效整体水平的提高
	发改委，工商管理总局	《关于启用并加强汽车零部件再制造产品标志管理与保护的通知》	公布了 14 家汽车零部件再制造试点企业名单，其中包括中国第一汽车集团公司等 3 家汽车整车生产企业和济南复强动力有限公司等 11 家汽车零部件再制造试点企业
	工业和信息化部	《再制造产品认定管理暂行办法》	明确再制造产品认定管理工作中各相关单位的职责，明晰各认定环节的具体要求，确保认定管理工作规范、高效地开展
		《再制造产品认定实施指南》	再制造产品认定范围包括通用机械设备、专用机械设备、办公设备、交通运输设备及其零部件等
2011	国务院	《中华人民共和国国民经济和社会发展第十二个五年规划纲要》	提出“强化政策和技术支持，开发应用源头减量、循环利用、再制造、零排放和产业链技术，推广循环利用回收体系”
2012	国务院和改革委员会	《通过验收的再制造试点单位和产品名单（第一批）》	包括济南复强动力有限公司等 4 家的 45 款发动机、陕西法士特汽车传动集团有限责任公司等 3 家的 27 款变速箱，以及柏科（常熟）电机有限公司再制造多个型号的起动机和发电机
	工业和信息化部	《再制造产品目录（第二批）》公示	三一重工股份有限公司、卡特彼勒再制造工业（上海）有限公司等 6 家企业 4 大类 35 种产品符合再制造产品认定相关要求，被列入《再制造产品目录（第二批）》
2013	国务院	《循环经济发展战略及近期行动计划》	建立旧件逆向回收体系，抓好重点产品再制造，推动再制造产业化发展，支持建设再制造产业示范基地，推动再制造产业化发展，支持建设再制造产品质量保障体系和销售体系
		《国务院关于加快发展节能环保产业的意见》	提出要发展资源循环利用技术装备，提升再制造技术装备水平，重点支持建立 10～15 个国家级再制造产业聚集区和一批重大示范项目，大幅度提高基于表面工程技术的装备应用率

续表

年份	发布机构	政策文件名称	相关内容
2013	发改委	《国家发展改革委办公厅关于确定第二批再制造试点的通知》	北京奥宇可鑫表面工程技术有限公司等28家单位确定为第二批再制造试点单位
2013	工业和信息化部	《再制造产品目录（第三批）》公示	重庆机床（集团）有限责任公司、武汉华中自控技术发展有限公司、洛阳瑞成轴承有限责任公司等8家企业5大类17种产品符合再制造产品认定相关要求，拟列入《再制造产品目录（第三批）》
2014	发改委	《再制造产品"以旧换再"推广试点企业评审、管理、核查工作办法》	确定了再制造"以旧换再"推广试点企业的评审、管理、检查等环节，同时确定了再制造"以旧换再"推广产品编码规则
2014	发改委	《再制造"以旧换再"产品编码规则》	经过专家评审、网上公示后，确定10家企业具备再制造产品推广试点企业资格
2014	工业和信息化部	《关于进一步做好机电产品再制造试点示范工作通知》	在第一批试点基础上增加盾构机，重型矿用载重机、燃气轮机等大型设备及医疗设备、通信复印机、打印机等相关零部件再制造
2014	工业和信息化部	《再制造产品目录（第四批）》公示	天津广电久远科技有限公司、浙江金龙电机股份公司等7家企业3大类26种产品符合再制造产品认定相关要求，列入《再制造产品目录（第四批）》
2015	国务院	《中国制造2025》	从国家战略层面描绘建设制造强国的宏伟蓝图。其中重点提出了实施包括绿色制造在内的5大工程
2015	工业和信息化部	《再制造产品目录（第五批）》公示	北京南车时代机车车辆机械有限公司、厦门厦工机械股份有限公司等17家企业5大类33种产品符合再制造产品认定相关要求，列入《再制造产品目录（第五批）》，现予公告
2016	工业和信息化部	《再制造产品目录（第六批）》公示	徐州工程机械集团有限公司、泰安大地强夯重工科技有限公司等13家企业4大类47种产品符合再制造产品认定相关要求，拟列入《再制造产品目录（第六批）》

续表

年份	发布机构	政策文件名称	相关内容
2016	中内协	《关于组织召开“2016再制造产业发展研讨会”的通知》	在中内协的积极推动和广大会员企业及科研院所的共同努力下，内燃机再制造作为国家发展绿色循环经济的重要组成部分和战略性新兴产业，其产业规模、产品市场推广、表面修复工程技术的开发应用和产品社会认知度提升等方面取得显著的成效，初步建立了具有中国特色的内燃机再制造体系，行业保持了健康、平稳向上的发展趋势
2017	工业和信息化部	《高端智能再制造行动计划（2018—2020年）》	为落实《中国制造2025》《工业绿色发展规划（2016—2020年）》和《绿色制造工程实施指南（2016—2020年）》，加快发展高端再制造、智能再制造（以下统称高端智能再制造），进一步提升机电产品再制造技术管理水平和产业发展质量，推动形成绿色发展方式，实现绿色增长，制定本计划
2018	工业和信息化部	《再制造产品目录（第七批）》公示	秦皇岛天业通联重工股份有限公司等7家企业4大类26种产品符合再制造产品认定相关要求，列入《再制造产品目录（第七批）》，现予公告

国内关于再制造模式已有大量研究。李菁[29]等对ERP系统之下再制造系统战略问题进行研究，考虑了再制造成本因素对于再制造决策系统的影响，并将政府对企业征收的生产责任制的延伸费用作为变量，研究了其对OEM再制造决策的影响，当再制造成本过高时，OEM并不愿意参与再制造活动。提出了OEM联合IR再制造商的新型再制造模式。李帮义[30]等为再制造系统带入外部竞争因素，建立起三产品的竞争系统，在内部与外部的双重竞争条件下求得均衡解，对OEM再制造与竞争者加入的决策临界条件的CR代理的合作契约进行设计。研究表明，在单一竞争的因素下，内部竞争者无法充分抵抗竞争者的进入；两重因素下，外部的竞争令OEM再制造决策困难，OEM需采取CR代理合作。赵晓敏[31]建立了政府财务干预对再制造产生影响的两期模型，重点比较了补贴政策、税收政策等对OEM再制造的激励，结果表明，对再制造企业征税会影响企业再制造产品产量以及销售量，难以扩大再制造规模。黄莹莹[32]对IR再制造模式下供应链不同情况的利润差异进行了研究，将市场划分为一级市场与再制造产品二级市

场，利用博弈论对合作和不合作条件下均衡对称进行了研究，结果证明，不合作情况下利润有所损失。桑凡等[33]讨论了 IR 再制造模式下，企业掌握了比较先进的再制造修复技术以设备，而面向再制造设计和生产工艺是影响独立再制造的重要因素，可以通过高效的再制造修复技术以提升再制造产品的生产率。高鹏等[34]利用博弈论对 NC、C、V、CV 等四种模式在再制造闭环供应链技术创新绩效里的影响进行了研究，但该研究在假设新品与再制品定价相同的基础上，没有考虑两者的竞争关系、再制造产品与新品间的竞争。熊中楷等[35]对 OEM 是 IR 经销商情况下的合作模式、竞争模式进行了研究。讨论了消费者对于再制造品的接受程度以及生产成本对制造商的盈利产生的影响。

在废旧品回收时域方面，柯庆镝[36]针对目前再制造毛坯数量及质量的不确定性问题，提出了基于性能参数的主动再制造时机抉择评价模型。周珊珊[37]通过分析重卡发动机，建立起产品生命周期内成本与环境成本的综合成本指标，以此来确定发动机最佳回收时域。宋守许等[38]以废旧零部件冗余强度和再制造可行性等，建立起主动再制造最佳时机模型。周旋[39]对产品设计参数、再制造性、临界点以及服役性能间映射关系进行分析，阐述了关于主动再制造时机调控机制。江乐果[40]分析了发动机能耗与环境排放因素，利用遗传算法进行优化求解，得出能耗、环境双重因素下发动机最佳回收时域。

在逆向物流网络的研究方面，徐斌祥[41]对发动机在独立再制造 IR 模式下的物流网络进行研究，建立了 IR 模式下的物流网络模型，利用遗传算法进行优化求解得到了该模式下的最优解。马丽娜等[42]假设在 OEM 模式下，建立了外包活动多个阶段的战略性分析决策模型。模型综合分析了经济和战略的双重因素，协助从业者更好地分析了逆向物流的外包行为。钟映竑等[43]分析了逆向物流对承担收集、储存和运输的独立回收企业发展的促进作用，通过 EOQ 模型对回收企业的运输和库存进行优化。

在再制造生产计划的研究方面，阳成虎等[44]建立了三种回收与再制造模式下新品与再制造品需求函数，构建其相应优化模型，得出最优生产、定价决策，最后给出三种回收与再制造模式下 OEM 模式利润最优条件。许民利等[45]在需求、价格与质量相关前提下提出三种有关再制造的生产模式，并给出了优化后的生产决策。伍颖等[46]依据消费者对新品与再制造品各异需求下建立需求函数，研究了新品、OEM 再制造品与 IR 再制造品相互竞争情况下，依据成本节约大小来确定新品、再制造品生产规模。

虽然大量文献对再制造模式、回收时机、物流网络以及生产计划与库存进行了研究，国家也大力推进再制造产业发展，但再制造在中国依然面临着种种障碍。虽然国家出台了相关法规文件来支持，鼓励再制造业的发展，然而政策普遍存在实施细则缺乏，操作依据不够明确的现象。再制造关键技术研发缓慢。一些关键技术研发中缺实验环节，有碍再制造生产效率与可靠性。国内缺乏有效的废旧品回收体系，逆向物流体系尚不完善，严重的滞后现象使再制造业的原材料，即废旧品回收变得十分困难。并且多年来对再制造模式的研究仍然停留在几种基本再制造模式上：OEM、IR、CR 或其组合模式，并未进行再制造模式上的创新。旧的再制造模式已经不能满足经济以及消费者日益增加的诉求，应在原有的再制造模式基础上进行创新。

1.3　食品机械再制造概述

1.3.1　食品机械再制造的现状

食品机械是指将食品原料加工成食品或者半成品的机械设备与装置。食品机械主要包括两种：一种是食品加工机械，另一种是包装设备机械。包装设备机械主要指能够完成食品的包装过程的设备，主要包括填充、塑封、贴标等，也包括与其相关的后续，例如清洗、捆扎、堆码等。

食品与包装机械要求对食品无害无污染，充分保证食品的安全，食品机械具有如下特征。

（1）品种多样性。由于食品加工原材料的多样性、复杂性，直接导致了食品与包装机械的多样与复杂。迄今为止，国内尚未出台正式的食品机械分类标准，目前有两种较为常见的分类方法：一种方法是按照设备加工的食品原材料进行分类；另一种则是按照设备的功能进行分类。按照原材料加工种类可分为：肉类加工机械、面粉加工机械、果蔬加工机械、酒类酿制机械、烘焙机械、豆制品机械等。原材料分类方法的指导理念是从食品的加工工艺出发，重点在设备的成套性，但部分不同食品的加工流程大致相同，所以使用相同的设备进行加工，因此有重复、交叉混乱的情况。按照设备功能进行分类，大致可以分为：清洗设备、烘干设备、脱壳设备、搅拌设备、粉碎设备、冷冻设备、干燥设备、食品输送等。这一种分类方法的主要思想从设备自身方面考虑，突出了设备的功能、工作原理和特点。

（2）机型可移动。一些小型企业或者个体食品经销商经销场所往往不固定，需要频繁更换地址，所以机型可移动是重要的特点。

（3）防水防腐蚀。一些液体食品，例如酒类、饮料类，设备常年处于液体环境中，假如不做防水处理，液体渗透进设备中，会导致漏电的情况，后果较轻则会导致设备失效、损毁，后果严重则会导致人员伤亡，所以设备防水设计与防水涂层的使用极其重要。对于设备防腐蚀，是因为一些食品含酸、碱量高，或存在其他可能导致机械设备被腐蚀的物质，此外，腐蚀也是金属设备损坏的主要原因之一，设备被腐蚀后会降低设备的疲劳强度，导致设备损毁乃至失效。因此应使用防腐蚀材料或喷涂防腐蚀涂层。

（4）多功能性。由于食品材料的多种多样，消费者对食品加工需求的多样性，因此食品机械拥有多功能性，而不是局限于某种特定的功能。

（5）卫生要求高。食品卫生是阻止食品污染与病菌等危及人类身体健康所使用的综合措施。世界卫生组织规定：食品在培育、生产，直到被人类摄取的过程中，应确保其安全、有益以及完好。因此，食品机械不仅仅要保证食品的生产，更要保证其安全性，食品机械材料的使用应该安全无害。

（6）自动化程度高低不一。食品机械不同于工程机械、矿山机械以及其他用于城市建设的机械设备，部分食品机械用于小型食品加工企业，因此不需要投入过多的科学技术，自动化程度低；而大型企业使用的食品机械科技含量较高，自动化程度好，成套性强。

1.3.1.1 国外食品机械再制造现状

国外食品机械行业历史悠久，发展迅速，经过半个世纪的发展，早已形成一定规模。以美国为例，其饼干包装设备被视为世界上以机械对食品进行包装的先驱，美国的食品机械已经形成独立体系，是机械制造行业的一个重要分支，其品种与产量均达到世界之首，产值约为世界总产值的22.9%，成为世界第一食品机械大国。

发达国家非常注重食品机械的内在品质与外在品质，追求整体效果，对整个设备中的各个零部件都追求品质，在追求提升设备质量的前提下不降低对产品外观的追求。目前，发达国家研制的食品机械新品融合了各类科技，是电，光，美，磁等高科技、高技术的集大成者。技术水平体现在设备的高度自动化、生产效率高、资源利用率高等方面，既保护了食品的天然风味，又达到了节能环保的目标。在食品机械种类方面，发达国家的食品机械种类繁多、规格齐全，并能依据市场需求生产出成套的机械设备。发达国家更加注重新产品的研发，其中销售额的8%都用做新品的开发费用，其中一些规模较大的企业在多年的发展与经验的积累之后，具备了强大的科研团队、国际一流的研发与实验中心，同时还拥有先进的计算机网络处理和信息分析技术，能在短期内研制开发出顺应市场需求的新品。

德国食品机械的计量与制造和性能方面在国际都名列前茅。德国的液体灌装线设备成套性强，生产速度快，并且设备自动化程度较高，可靠性良好。首先，工艺流程均实现自动化，企业生产效率提高，可以实现交货期相对较短的食品机械的市场供应，并且降低了整个过程的成本；其次，所有设备具有良好的柔韧性与较高的灵活程度，灵活程度主要体现在生产、构造与供应的灵活，可以很好地适应产品的更新要求；第三，先进的计算机与仿真技术提供完整服务，实现远程操作，降低故障率；最后，可以减少对环境的污染，例如噪声污染、粉尘污染与废弃物污染。

日本的食品机械特点在于：设备体积小，但有较高的精度，安装简洁，操作简单，自动化程度同样高，多以中小型单机型为主。日本比较重视食品机械的开发，国内设有专门的食品机械学校，设立相关专业，由相关领域的高精尖人才指导授课。

意大利的食品机械中，五分之二属于包装机械，例如包装机、灌装机、封口机等。产品主要特点：外形考究，具有良好性能，价格适中；食品机械的设计可以依据客户的需求进行设计开发，量身打造属于客户自身的食品机械，并有配套的售后服务，保证很好地完成食品机械的设计、制造、调试、维修、回收等。这是意大利食品机械的优势所在。

1.3.1.2 国内食品机械再制造现状

我国食品机械类产品很大一部分能够跟上国际先进食品机械水平，但创新较小，并且极少部分拥有自主知识产权，其根本原因来源于人民消费的食品很多属于农业未加工品，因缺乏食品加工机械导致每年有大量食品资源无法加工、储藏、保鲜而损失几十亿元，无法深加工进行综合利用导致的资源浪费更高，由此看来，食品机械需求量大，市场前景十分广阔。

国内食品机械行业中约30%的企业都存在低水平并且重复建设的情况，这不仅仅浪费了资金、资源等，还使得食品机械市场变得混乱且无序，严重阻碍了行业的正常发展，限制了国内部分中小型食品企业食品机械的更新换代与创新。我国食品机械行业起步较晚，整个行业成形时间短，分散度高，以中小企业为主，约87%的企业为私人企业、个体经营、乡镇企业和部分中小型企业，大中型企业仅占13%，随着市场的扩大、人民整体生活水平的提高和对食品需求的增长、企业重视程度的增加，大中型企业数量会逐步扩大。企业普遍存在以下特征：

（1）有部分龙头企业具备相当规模，产品有一定的市场影响力、号召力与国际竞争力，起到了行业中的模范带头作用；

（2）企业数量居多，但规模较小，企业发展不协调；

（3）企业缺乏创新能力，缺乏专业从事科研的人员，新品开发不足，科技含量欠缺，企业核心竞争力不够；

（4）管理模式普遍落后，缺少高级管理人员制定决策；

（5）主要食品机械产品多为单机，产品成套性较差，种类单一，科技含量低；

（6）从业员工素质有待提高，缺少专业技能培训；

（7）企业缺少自主创新与自主研发的能力开发新品，保护知识产权意识有待加强；

（8）国内外企业之间的合作需要加强。

1.3.2 食品机械再制造研究背景

本书以食品机械为研究背景。传统食品机械消耗大、效率低、污染严重，随着其销量的逐年攀升，随之而来的是大量废旧食品机械，因此再制造是中国食品机械发展的必然选择。将绿色环保理念引入食品机械行业，根据国内食品机械的现状紧抓机会，加速技术更新，走节能环保的绿色之路。中国已经开始重视实施食品机械再制造，为食品机械行业的不断发展做出努力。政府出台相应政策，例如《食品和包装机械行业“十二五”发展规划》与《中国食品和包装机械工业“十三五”发展规划》提出推动绿色再制造技术向食品机械行业的深入发展，提升再制造技术水平，扩展再制造运用范围，建立扶持再制造试点企业，规范、合理化废旧机械设备回收体系，加强相关法律法规的建设完善，逐步建立形成与国情相符合的食品机械再制造运行模式与管理体制，逐步实现再制造规模化、市场化、产业发展化。表1.5列举了国内食品机械再制造相关报告。

食品机械再制造应转变经济增长方式，基于“4R”原则（减量化、再利用、循环利用、再制造）的可持续发展理念，以最少的投资得到最高的回报。对大型食品加工设备再制造设计要求分析，应该包括卫生要求、能耗要求、可靠性要求和人机一体化的要求。通过建立利润目标函数，对再制造进行技术经济分析。全寿命周期利润 $Ez = R$（多生命周期收入）$- C$（全寿命周期成本）。根据生命周期和多生命周期的经济评价得到食品机械再制造最好的企业效益，增强企业的竞争力，使废旧资源的附加值充分利用。再制造业迅速崛起带动整个食品机械行业向绿色、环保、节能的方向迈出了扎实一步[7]。

表 1.5　食品机械再制造相关报告

序号	来源	报告名称	主要内容
1	中国行业研究网	我国食品机械行业发展道路分析探讨	推出“再制造”产品，通过政府扶持、技术提高，扩大食品机械再制造影响
2	慧聪机械工业网	食品机械环保意识意义重大 抢占市场先机	食品机械应践行绿色环保之路，走“再制造”的道路
3	德凯机械	包装机械技术发展未来趋向再制造	再制造经济是一块能产生重大经济效益的矿
4	中国智能制造网	国内纸箱包装机械技术有待提升 未来趋向再制造	大力发展食品与包装机械再制造势在必行
5	星火机械	“中国制造 2025”初具规模，包装机械创造一切新的可能	实施高端再制造、智能再制造，推进产品认定，促进再制造产业持续健康发展
6	旭众机械设备	食品机械应走绿色环保之路，真空油炸机应该受重视	食品机械的可持续发展，将技术与产品发展与环境保护结合起来
7	中国机械工业联合会机经网	食品包装机械行业革命需以绿色技术为核心	制定食品机械绿色设计标准，有效利用资源保护环境，提升食品的质量安全

（1）将食品机械纳入再制造产品目录，出台相应的法律法规予以扶持，并规范食品机械再制造市场，严防一些没有资质的小作坊为了谋求利益粗制滥造不符合标准的再制造产品。应汲取国外经验，制定出一套适合中国食品机械再制造的模式。

（2）制定适用于食品机械再制造的标准流程与操作规范。食品机械关乎食品卫生安全，与人的健康息息相关，相比于工程类机械的再制造流程与操作规范应该更加详细、安全。例如，食品机械再制造表面喷涂修复技术，应选取无毒无害材料；尽量使用清洁能源进行再制造处理；一些化学热处理技术也应选取对人体健康无害的材料。食品机械再制造一切应以人为本。

将三种主要再制造模式运用在食品机械再制造中：如 OEM 模式下的食品机械再制造要求有从事食品机械再制造的企业或拥有再制造部门的企业，加之对安全卫生的严格要求，必须有独立的再制造生产线、专业的再制造修复手段、安全的再制造修复材料以及能熟练操作的工作人员，才能进行食品机械再制造生产。独立再制造商（IR）模式同 OEM 再制造模式相似，都需要从事或专门从事食品机械再制造的企业或部门。独立再制造模式具有再制造种类多、批量大、资源利用率高和效益高的优势，从而降低再制造品成本和食品机械再制造产品的价格。承包再制造商模式中产品厂商不直接参与投资，减少了投资风险，增加了再制造企业数量与产品类型。

综上所述，建立针对食品机械再制造特点的再制造运作模式，可以使食品机械再制造顺利展开。综合现有的三种再制造模式，即 OEM 模式、IR 模式以及 CR 模式的优点，尽量规避三种模式的缺点，创建属于食品再制造的新型再制造模式，推动食品机械再制造产业的顺利实施和推广，为缓解资源危机、走可持续发展道路贡献一份力量。

1.3.3 食品机械再制造必要性

食品机械是支持国民经济的主要行业，是食品工业的基础，我国为食品机械行业的发展做出不断努力，出台了《食品和包装机械行业“十二五”发展规划》等，但仍然存在一些问题，需要进一步改善。目前，节能、环保已经成为全球工业的主旋律，市场需要更高效的产品，产品多样化性加强，在探索食品机械发展道路的同时，必须对产品、环境、环保等方面的影响进行综合考量，要求全方面协调并且走可持续发展的道路。

目前国内进行再制造的主要对象包括工程机械、矿山机械、汽车、电子产品，而食品机械在工业行业中所占比例也较大，每年有大量废旧设备产生，如果能将这些废旧食品机械设计进行再制造可以节省更多资源。食品机械行业成形于 70 年代末期，中间经过几十年的演变革新，于 90 年代初期快速增长，食品机械的使用大大提高了人类的生活质量。2005 年国内从事食品机械生产的厂家超过 6000 家，成为我国机械工业十四大行业之一，每年新增、破产企业平衡，图 1.2

为2006—2015年我国商用食品机械行业市场规模分析（亿元）。2016年，食品机械产业继续持续上涨趋势。

我国食品机械行业起步较晚，高起点的企业较少，仍存在一些问题，例如，创新点弱，低水平的产品较多，没有自主研发品牌，一些技术被国外垄断，需要从国外进口大量食品机械，甚至一整套生产线。从事食品机械的研发团队较少，国家在该领域投入的科研经费不足，人力、物力不足，导致了食品机械更新换代较慢，生产线较为落后。食品机械质量欠缺的设备不能长时间服役，势必带来了大量废弃设备以及零部件。进口设备消耗了国家大量资金，如果能将这些废旧设备回收再利用，将为国家以及企业节省一大笔开支[10~14]。

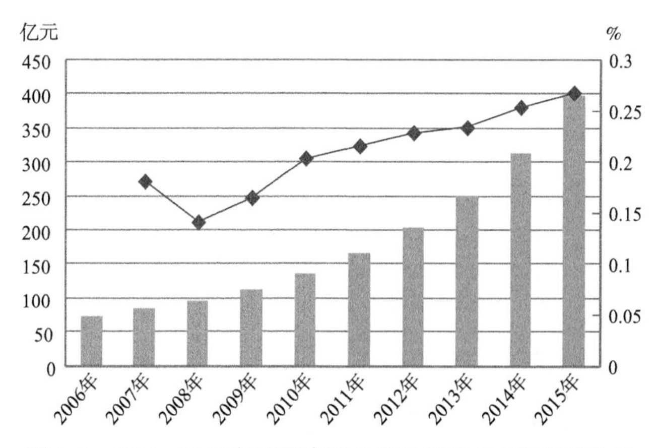

图1.2 2006—2015年我国商用食品机械行业市场规模分析

2015年对国内1031家企业进行统计，食品机械年内主要业务收入达到1482.86亿元，比2014年增长10.44%，其中346.64亿为包装机械所创收入，比2014年上涨4.62%，食品机械比2014年上涨12.35%，总收入达1219.03亿。表1.6为2015年全年食品包装机械行业主要经济效益数据，表1.7为2015年全年食品包装机械行业出口交货数据。

表1.6 2015年全年食品包装机械行业主要经济效益数据

设备用途	主营业务收入/亿元		主营业务成本/亿元		利润总额/亿元		应交增值税/亿元	
	金额	同比/%	金额	同比/%	金额	同比/%	金额	同比/%
包装	346.64	4.62	218.54	4.76	19.86	-0.10	10.05	0.80
食品	1136.22	12.35	737.49	12.60	82.37	6.24	32.57	13.64
烟草	105.91	1.99	80.11	1.80	8.74	-8.334	4.59	22.28
食品/酒/饮料	304.19	14.23	252.41	15.23	21.04	8.05	9.02	16.42

续表

设备用途	主营业务收入/亿元		主营业务成本/亿元		利润总额/亿元		应交增值税/亿元	
	金额	同比/%	金额	同比/%	金额	同比/%	金额	同比/%
农副产品加工	688.47	13.57	375.22	13.51	49.89	7.12	17.87	10.81
商业饮食服务	37.64	7.73	27.94	5.87	2.71	38.89	1.09	5.64
合计	1482.86	10.44	1219.03	10.69	102.23	4.95	42.62	10.33

表 1.7　2015 年全年食品包装机械行业出口交货数据

设备用途	出口交货值	
	金额/亿元	同比/%
包装	31.34	7.57
食品	68.37	6.84
烟草专用	0.09	-22.76
食品，酒，饮料专用	35.38	-0.83
农副产品加工专用	28.40	25.33
商业，饮食，服务专用	3.65	-17.78
合计	99.71	7.07

由 2015 年食品机械出口数据增长趋势可知，同比增长与环比增长趋势均逐月递减，同比出口值 6 月起保持稳定，食品机械利润收入约为 17.04%，对比 2016 年利润有所下降，这说明食品机械行业在整个机械行业中存在较大的竞争优势，表 1.8 为 2015 年食品机械行业主要行业利润数据。

表 1.8　2015 年食品机械行业主要行业利润数据

设备用途	主营业务收入/亿元	主营业务成本/亿元	主营业务税金附加/亿元	主营业务利润/亿元	主营业务利润率/%
包装	346645.8	2815449.8	26456.3	18.02	18.02
食品	11362197.3	9374857.6	84993.3	16.74	16.74
烟草	1059137.3	801073.1	8476.0	16.39	23.57
食品/酒/饮料	3041916.6	2524133.4	19132.1	16.39	16.39
农副产品加工	6884728.3	5752201.6	54758.8	15.65	15.65
商业饮食服务	376415.1	297449.5	2626.6	20.28	20.28
合计	14828643.1	12190307.4	111449.6	17.04	17.04

2019年来，国内食品机械进口总额持续停留在20亿美元左右，经2016年调查统计，国内进口欧美国家食品机械产品总金额高达20亿美元，相比2015年同比增长大约41%，国内能与欧美国家食品机械产品形成抗衡的企业还不到5%，欧美国家凭借自身技术优势与强大资金支持对国内食品机械行业形成巨大冲击。

食品机械再制造：将绿色环保的理念引入食品机械行业，根据我国食品机械的现状，紧抓机会，加速技术更新，走节能环保的绿色之路。国内众多食品机械企业陆续提出蕴含技术创新、环境友好的“再制造”概念产品。带动整个行业向绿色、环保、节能的方向迈进。政府出台相应政策推动绿色再制造技术向食品机械行业的深入发展，提升再制造技术水平，扩展再制造运用范围，建立扶持再制造试点企业，规范、合理化废旧机械设备回收体系，加强相关法律法规的建设完善，逐步建立形成与我国国情相符合的食品机械再制造运行模式与管理体制，逐步实现再制造规模化、市场化、产业发展化。再制造业迅速崛起使得食品机械行业向节能环保的大方向迈出了扎实一步[15]。“中国制造2025”的快速推行，使得制造业逐步走向智能化，食品机械行业逐步被工业4.0理念渗透，从以前的人力劳动慢慢向智能化、信息化、数字化、节能化方向迈进。再制造运用先进的修复技术使废旧机械产品重新焕发光彩，延长其服役年限。食品机械再制造不仅仅满足经济模式转变的需求，也对中国可持续发展有着重要的影响，以最少的投资得到最高的回报。

20世纪70年代末期到80年代初期，中国进口大型全套食品机械设备，直到2001年，部分设备已经面临服役期结束，2010年报废的食品机械数量达到最大值。传统处理废旧食品机械的方法是作为低级别的原料回收，或堆积成固体废物，这些处理方法不仅造成了巨大资源浪费，并且引起严重的环境问题。但是，对旧设备及其零部件进行再制造不仅可以获得新的价值，还可以使废品与新产品一样开始新的生命周期。生命周期评估方法用于优化相关链接以寻求更好的效益并减少资源浪费。

1972年，罗马俱乐部公开发表了关于人类困境的报告增长极限，提出了自然资源供应和环境容量不能满足广泛的经济增长模式的观点。装备制造需要消耗大量资源，引发能源等其他问题，例如资源短缺和环境污染。洛根倡导的生态经济观认为，人造资本无法无限地代替自然资本，可再生能源产业已成为世界上增长最快的朝阳产业之一。我国食品加工设备行业已经发展成为一个独立的产业体系，但仍不能满足食品行业的发展需要，主要问题是设备品种少、技术水平低、产品稳定性差、兼容性差，比发达国家的技术落后 10～15 年。传统的食品加工设备制造模式导致投入高、消耗大、效率低、污染严重。因此，再制造是中国食品工业的必然选择。

新时代的召唤：装备制造的 4R 原则。进入 21 世纪，我国制定了发展循环经济和建设资源节约型社会的重大战略决策，其核心是节约资源和能源，落实循环经济的“4R”原则，给废物资源的附加值更高。1998 年，Laud 估计在美国的 71300 家公司中至少有超过 35 万人从事再制造生产。数据显示，2002 年美国再制造业产值为 GDP 的 0.4%，其中 100 万人从事与再制造业有关的工作。预计到 2020 年底，我国将达到 160 亿美元，为 100 万人创造就业机会。在 21 世纪，再制造工程将为国民经济的发展带来巨大利益，成为新的经济增长点。

经济发展方式的革命：低碳经济。在全球气候变暖背景下，基于低能耗、低污染的低碳经济成为全球热点。美国曾对钢铁材料废品再制造进行了环境效益分析，表明再制造可节能 47%～74%，空气污染减少 86%，水污染减少 76%，固体废物减少 97%，节约用水 40%。应大力推进以高能效、低排放为核心的低碳革命，努力发展低碳技术。据中国工程院院士许彬市统计，1t 再制造产品可避免生产 4t 工业废弃物。食品机械在原始矿物的开发和精制以及新产品的制造过程中进行再制造，即重用，可减少原有产品的生产，减少资源消耗和环境污染，提高综合利用效率的资源。食品机械的再制造有利于提高主动性创造力，促进经济发展模式革命。

我国食品机械发展还未能充分适应国民经济与社会发展的战略性要求，与国际水平还有较大差距。国内尚未开展关于食品机械的专业，专业培养的人才严重缺乏，更加缺少具有交叉学科背景，系统掌握该领域技术的高精尖人才，食品机械的研发周期过长，并且绿色设计不足，制造、装配能力较差，传统的加工工艺不能跟上食品机械化、智能化要求，导致工艺与设计脱节；产品技术含量低导致食品机械生命周期普遍较短，全球资源已经匮乏，能源已经出现危机，原材料价格逐渐上涨，食品机械已经进入高成本时期。因此，降低产品生产成本，降低原材料的消耗，加强对废旧食品机械的回收与循环利用，节约资源，保护地球环境，将食品机械行业与可持续发展理念融汇结合，大力发展食品再制造，让食品机械行业走上节能环保的新道路。

1.3.4 食品机械再制造遇到的障碍

科学技术的飞速发展使得食品机械的技术预期寿命越来越短。当我们对废旧食品机械进行再制造经济决策时，通常应该对比以下四种不同方案：一是恢复性再制造；二是促进再制造；三是改造再制造；四是紧急再制造。决策目的是选择总成本最小的计划。对食品机械再制造实施经济分析可为后续再制造和业务管理提供指导性意见。

食品机械再制造属于绿色制造，由于物料需求和废弃物排放量极少，避免了环境污染。同时，由于绿色产品具有外部经济的特征，因此，利润最大化目标不应该仅仅来自企业自身，还应该来自设备的整个生命周期，考虑企业、用户和社会的综合效益。当今环境问题日益突出，自然资源消耗、环境污染、环境保护支出都需要通过科学的方法予以考虑，因此建立了再制造产品（绿色产品）在整个生命周期中的盈利模式衡量整体效益。其绿色特征表现在以下三个方面：一是制造过程中的生态特征；二是重用和再制造；三是节能减排对环境影响最小。与传统的生产模式相比，再制造产品不会为了获得经济利益而牺牲环境或者透支未来。根据生命周期和多生命周期的经济评估，再制造可以增强企业的竞争力，为可持续发展做出贡献。

（1）产品更新速度加快

科技发展的多样化、快速化，以及消费者对产品需求的花样繁出导致产品更新换代速度加剧，产品的寿命随之越来越短。

（2）产品种类更新变快

生产商为了满足消费者日益增长的需求，不断令新品更新速度提升，产品更新换代速度的加快又引发了新产品开发的加速竞争，其最终结果是产品种类迅速上涨。

（3）对时间的要求越来越短

市场竞争逐渐激烈，使经济活动的脚步明显加快，消费者对生厂者的响应时间间隔同样越来越短，消费者不再满足生产者按时交货，要在满足按时交货的同时尽可能缩短交货提前期，消费者对新品上市的期望也逐渐缩短。所以只有加快新品研发的节奏，缩短制造期，才能在短时间内满足消费者的需求。

（4）对售后服务要求逐渐提高

消费者逐渐重视产品的售后以及服务质量，一切应该以人为本。激烈的竞争导致消费者的要求慢慢变得苛刻，消费观念也产生了一系列改变，需求也慢慢向高层次发展。消费者已经无法满足于花钱仅仅购买到产品本身，更加注重与产品捆绑在一起的服务，这些变化直接导致生产改革，企业不仅要重视产品自身的质量，更要加大对后续服务的投入，提高售后响应速度与服务质量。

中国食品机械企业没有进行废旧设备再制造的原因不是因为企业不具备绿色环保，与可持续发展的概念，阻碍来源于消费者的陈旧观念，在食品机械的消费者群体中，“再制造品等于翻新品”观念占据了主流思想。经调研，部分食品加工企业出于对食品安全或其他方面原因的考虑，对再制造品品质表现出不信任，不愿意接受再制造品。废旧食品机械以低价转卖给二手设备回收厂或出售给无力支付大型食品机械费用的小企业。另一部分食品加工企业表示愿意接受再制造产品，但不知道购买途径。此外，国家将再制造重点放在工程机械、矿山机械、机床、石油机械等重型机械，而忽视食品机械再制造的重要性。政府也未颁布相关法律法规来推广食品机械再制造。

阻碍食品机械开展再制造的另一个原因是经济问题。国内食品机械企业中实力雄厚的大中型企业较少，以小型企业与私人企业居多。开展食品机械再制造，需要技术投资、员工培训和运行，需要投入大量资金，而中小企业缺少能力和资金。

上述一系列问题导致再制造在食品机械行业没有展开。但随着消费者对食品品质日益增长的追求与消费水平的提高，食品机械市场占有量逐年攀升，这也意味着废旧食品机械数量同样以较高的速率在逐年上升，目前没有针对食品机械再制造建立的再制造企业，食品机械再制造在中国有较为广阔的前景，应该被足够重视，应该将足够的目光放在食品机械再制造上。

1.4 解决思路与方法

对“再制造”模式研究的文献进行统计分析发现，大量文献针对目前已有的再制造模式以及某一种模式中的某一关键技术相关问题进行了研究，但对具体模式以及该模式下关键技术研究的文献并不多，缺乏对整个模式进行系统论述研究的相关文献。

在此研究现状与再制造行业背景下以食品机械为研究对象，建立起一种新型再制造模式，对该新型再制造模式以及该模式下的关键技术进行研究具有一定意义与价值。

本书主要采用由整体到局部，由总到分的研究思路。各个章节先对问题进行描述分析，后建立数学模型，最后进行实例分析验证其可行性。每个章节都遵循从易到难，层层递进的研究思路。

分析现有的几种再制造模式，在此基础之上提出一种新型再制造模式，对该模式的组成、概念、实施路径以及模式特点等方面进行分析研究，并将新型再制造模式与现有的三种主要再制造模式进行分析对比，提出该模式更适合食品机械等对再制造有特殊需求的产品。第三章对该新型再制造模式下的废旧品最佳回收时域问题进行研究，分析了影响废旧品最佳回收时域的部分因素，以“浴盆曲线”为指导理论，建立了考虑多种影响因素的产品最佳回收时域决策模型。第四章分研究了新型再制造模型下的运输网络优化问题，提出了消费者参与制，并对整个运输网络进行设计。第五章建立了该新型再制造模式下的主生产计划的数学模型；最后实现了该新型再制造模式的原型系统。

在本书中主要研究方法有：文献研究法、数学模型方法、线性规划法和智能算法等。针对本书提出的新型再制造模式，使用文献研究法，在总结前人研究与文献的基础上总结归纳提出新型模型；针对几个关键技术，使用数学建模方法；模型求解使用威布尔分布、智能算法，包括粒子群算法、遗传算法以及对它们的改进算法；针对原型系统，采用 Delphi 和 Matlab 软件实现整个原型系统。

1.5 主要内容

本书以食品机械为研究对象，通过分析国内食品机械现状，指出食品机械进行再制造的重要性与迫切需求；在分析传统再制造模式的基础上结合食品机械与食品机械企业的特点提出面向服务的多企业联合再制造模式。研究了面向服务的多企业联合再制造模式下机械最佳回收时域问题；并对面向服务的多企业联合再制造模式下的运输优化和主生产计划问题进行研究，建立起相关数学模型，并利用智能算法进行求解，验证模型可行性。最后对面向服务的多企业联合再制造模式的原型系统进行全面设计，验证了本书所提出的新型再制造模式的可行性。本书内容结构安排如图 1.3 所示。

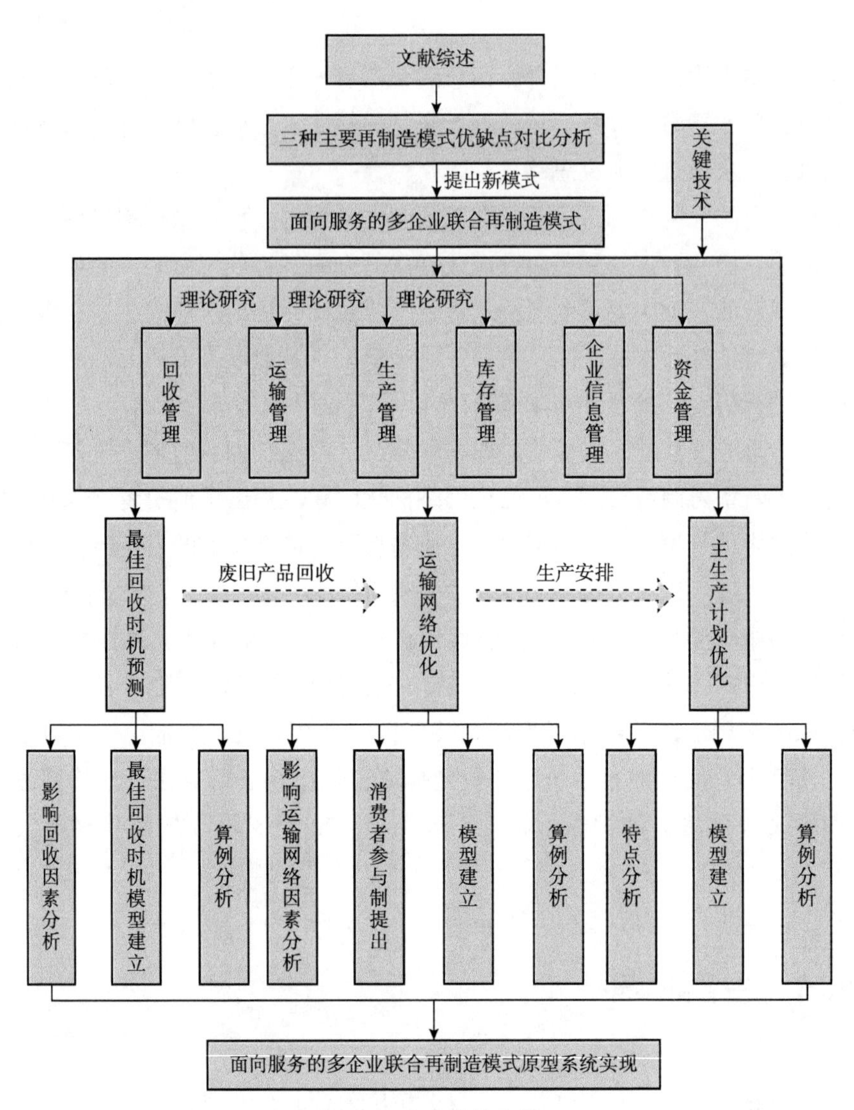
文献综述
三种主要再制造模式优缺点对比分析
提出新模式
面向服务的多企业联合再制造模式
关键技术
理论研究
理论研究
理论研究
回收管理
运输管理
生产管理
库存管理
企业信息管理
资金管理
最佳回收时机预测
废旧产品回收
运输网络优化
生产安排
主生产计划优化
影响回收因素分析
最佳回收时机模型建立
算例分析
影响运输网络因素分析
消费者参与制提出
模型建立
算例分析
特点分析
模型建立
算例分析
面向服务的多企业联合再制造模式原型系统实现
图 1.3　内容结构安排

2　面向服务的多企业联合再制造模式的内涵

本章提出了一种新型再制造模式——面向服务的多企业联合再制造模式，并对与其相关的面向服务的再制造模式和多企业联合再制造模式的概念、特点等进行了阐述，分别给出了这三种再制造模式的实施途径。这种新型的实施途径适用于食品机械等对再制造有特殊要求的产品，并且使资源高效利用，实现企业与消费者的双赢，有望成为以后再制造模式的主导。

2.1　五种主要再制造模式分析

目前主要的再制造模式为 OEM 模式、独立（IR）再制造模式、服务于 OEM 的承包商（CR）再制造模式，此外还有两种非主流再制造模式：联合再制造模式与零散（SSR）再制造模式。下面对几种主要再制造模式进行介绍与分析。

2.1.1　原始制造商再制造模式

原始制造商再制造（Original Equipment Manufacturer，OEM）模式具有两层含义。从生产方面分析，设备制造商利用自身所具备的生产能力为品牌供应商创造了可供进入市场的商品；通过 OEM 方式，相同企业之间本属于竞争的关系转变成为合作关系。如何对待双方的合作关系，即 OEM 供应链上的合作对象，博弈与风险是 OEM 面临的主要矛盾[48]。OEM 再制造运作模式如图 2.1 所示。

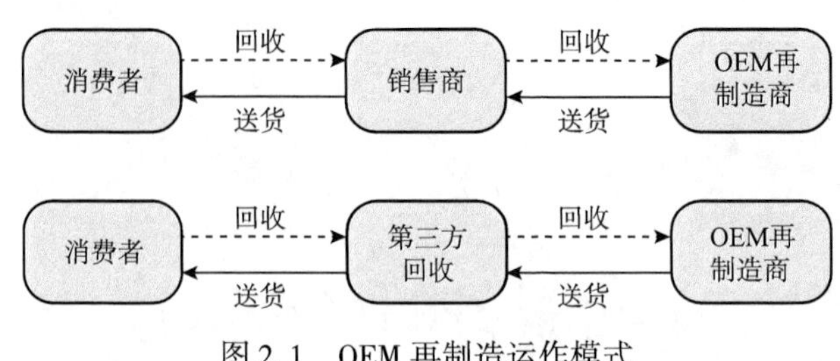

图 2.1 OEM 再制造运作模式

OEM 再制造模式中，首先由该品牌的经销商或指定维修站收集废旧品及废旧零部件，收集一定量之后由制造商组织逆向物流将废旧品及废旧零部件运送到 OEM 中负责再制造的部门或机构，经过再制造处理、装配后的再制造新品由 OEM 原销售商和销售网络进行销售。OEM 对再制造新品具有相同的售后服务[49]。

OEM 模式具有以下特点。

(1) 承接生产的制造商接收订单之后，品牌所有方委托制造商并授予其使用品牌商标的权限，但不直接参与产品销售，仅仅收取加工费用，受委托方不进入市场，但可与其他品牌联合抵抗来自市场的波动。

(2) 受委托方与品牌商之间形成了一类持续时间较长并且很稳定的互利共赢的合作与供应关系。受品牌商委托的制造商应该与品牌商建立长久的伙伴关系，保持及时沟通，技术交流，实现信息的及时交流与共享[63]。

(3) 受委托方与品牌商之间应给予对方充分的信任，并建立长久信任关系。在现今市场中，建立信任有两种途径。

①允许利益相关企业和人员参与管理。依靠这种利益相关的方式来达到管理并建立信任的方式，在一些发达国家已经被采用。

②建立标准。一般有三类标准，首先是商品生产过程与经营和管理的标准，即生产过程标准；然后是用于产品的标准，产品标准是制造商进行产品生产过程中执行的标准，是把控产品质量的准则；最后是技术标准，是指在产品生产过程中，所采用的技术需按照一定的规定和技术要求。

OEM 再制造模式的优点在于：原始设备制造商对产品信息掌握清晰，便于对产品进行再制造设计，为后续活动打下基础；原始设备生产商提供技术与质量保障，严控再制造产品品质；提供完整的售后服务以提升企业形象；减少再制造产品与原产品知识产权纠纷；积累丰富的管理经验[50]。

OEM 模式缺点在于：国内从事再制造生产的企业并不多，而 OEM 企业规模大、数量多，再制造企业无法承接大规模的再制造生产活动；OEM 企业消费者众多且分布广泛，逆向物流辐射半径大使运输成本增加；资源利用率较低；再制造的产品种类单一。

2.1.2 独立再制造商模式

独立再制造（Independent Remanufacturer，IR）模式指独立运作的再制造模式。独立再制造企业可对任意品牌的废旧品进行再制造，完成再制造处理后的再制造新品使用该公司的独立商标对外出售，也可使用原制造商商标。IR 运作模式如图 2.2 所示[51]。

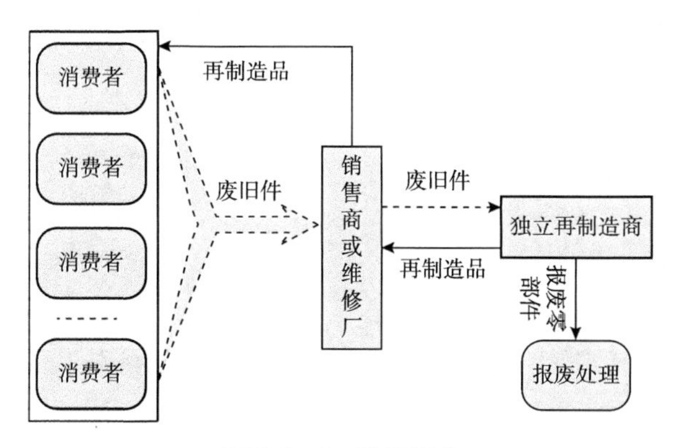

图 2.2　IR 运作模式

IR 由独立专业从事再制造的企业联合众多产品销售商以及产品维修厂，建立长久的合作关系。建立过合作关系的产品经销商与维修厂将成为主要回收方，负责从消费者处回收废旧品或废旧零部件，或由独立再制造商的物流部门、第三方回收企业负责回收。经回收的废旧品以及废旧零部件送至检测中心进行检测后，报废品进行绿色处理，对可使用的废旧件进行再制造处理。再制造新品经过原回收渠道送至经销商或维修厂，消费者可从该处购买再制造产品。

独立再制造商的优点在于：相比 OEM 再制造品种单一的情况，IR 再制造模式可批量承接多种产品的再制造业务；提高企业效益和设备利用率；降低再制造成本与再制造品价格；提高资源利用率。

其缺点在于：政府对于独立再制造商监管体制尚不完善；易产生再制造产品与新品的知识产权纠纷；缺乏关键技术支持；企业与企业缺乏联系[52]。

2.1.3 承包再制造商模式

承包再制造（Contractor Remanufacturing，CR）模式指再制造企业由 OEM 之

外的企业建设与 OEM 企业签订规范合理的供货合同。承包再制造企业可同时供应不止一个 OEM 企业，OEM 企业同样可以选择不止一个再制造商授权[53]。承包再制造商运作模式如图 2.3 所示。

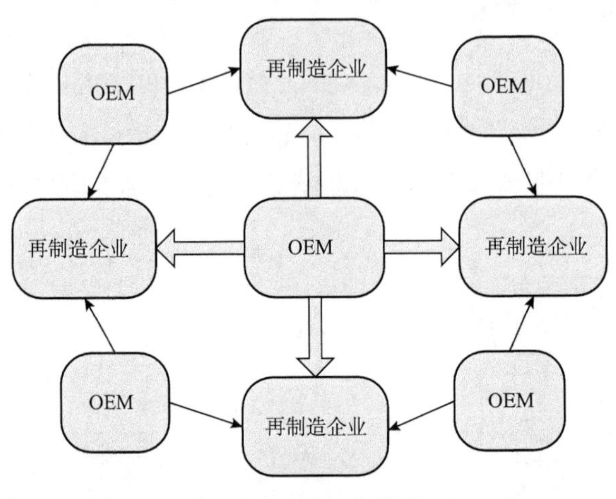

图 2.3　CR 运作模式

承包再制造商模式的优点在于：产品厂商授权其他再制造商，实现了生产者责任延伸；产品厂商不直接参与投资，减少投资风险，增加的再制造企业数量与产品类型也使投资风险减少；产品厂商可设立再制造技术开发部，通过设计技术标准来严控再制造品质量；再制造企业可通过增加再制造产品种类来减少回收量的不确定性，提升资源利用率；获得 OEM 关键技术支持；降低再制造成本；缩小物流辐射半径。

其缺点在于：政府没有一套完善的管理体制对承包商再制造模式进行支持管理。

2.1.4　零散再制造商模式

零散再制造商（Scattered and Small Remanufacturer，SSR）指一些规模不大，不以再制造为主要业务的企业，例如维修厂，经销商和一些小型再制造厂。相比前几种再制造模式，SSR 再制造模式相对来说较为简单。主要运作方式包括以下两种。

（1）消费者与小型再制造商经过协商，并根据废旧产品的损坏程度预估再制造难易程度，双方对再制造价格与交付时间进行沟通谈判，达成协议后，消费者将废旧产品自行送至维修厂、经销商或再制造处，等待再制造处理完成，将再制造产品交付消费者。

（2）还有一种 SSR 再制造模式，即以旧换新的模式，再制造商根据废旧产品的情况对其价值进行评估，由消费者补齐新品与废旧产品之间差价。从严格意义上来讲，以旧换新的方式并不属于再制造范畴。

SSR 再制造模式运作如图 2.4 所示。

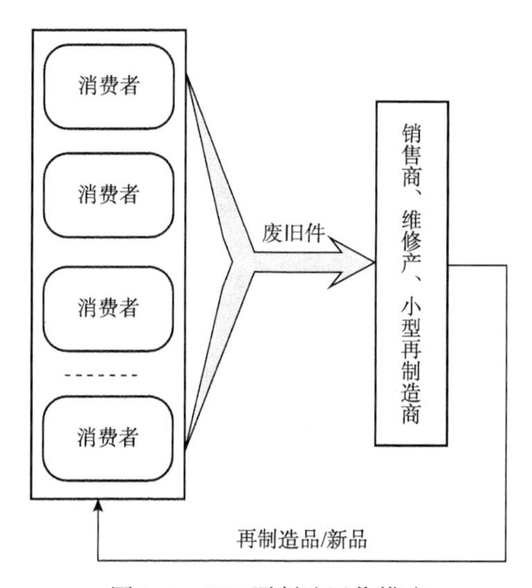

图 2.4　SSR 再制造运作模式

零散再制造商模式的优点在于：投资规模小，零散小规模的再制造商不需要投资大量资金；分销商与维修厂等可以进行再制造的小型再制造商的客户较为集中，因此逆向物流辐射半径较小，逆向物流运输成本降低；消费者主动将废旧产品运送至再制造商处，因此再制造商则不必提供运输服务。

其缺点在于：小规模再制造商投资小，用于再制造生产的设备不够完善、先进，科技含量不能与 OEM、IR 企业相提并论；人员与技术不足，不能够承接需要复杂的设备与需要复杂流程再制造工艺的业务；小型零散再制造商不具备专业再制造企业的管理体系与完整的售后服务，因此用户体验往往较差；消费者主动将废旧产品送至再制造处，对于距离远、设备体积较为庞大的设备，消费者需耗费一定成本完成逆向物流运输。

2.1.5　联合再制造模式

联合再制造也可称为混合再制造，指 OEM 企业对承包再制造商授权，通过承包商自主进行再制造，如果承包商再制造企业没有能力进行再制造产品生产，则需要向独立再制造商购买再制造产品，令使用市场竞争机制合理化，分工细化，缩短废旧产品回收逆向物流半径，分散不确定性，充分调动资源进行再制造，从而获得最优经济效益与社会效益。如果承包商再制造企业有足够实力投资制造再制造产品，则不需要向独立再制造企业购买再制造产品。

OEM 规范合作的承包再制造企业的技术与生产标准使再制造品质量得以保障，将生产者责任延伸。联合再制造模式运作如图 2.5 所示。

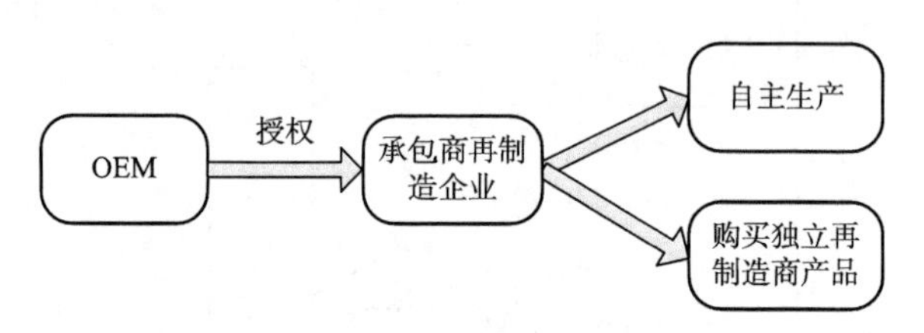

图 2.5　联合再制造运作模式

联合再制造模式的优点在于：该模式适合政策较为宽松，各类管理制体制完善，再制造产业具有较高成熟度的阶段使用。

2.1.6　多种食品机械再制造运作模式分析

（1）OEM 食品机械再制造运作模式

OEM 运作模式要求食品机械品牌经销商或指定维修站对废旧食品机械进行回收，当达到一定量时由制造商组织物流，将废旧食品机械送至 OEM 中负责再制造的部门或机构。因此，为了运作 OEM 食品机械再制造，需要从事食品机械再制造的企业，但国内并没有从事食品再制造的企业，加之食品机械对安全卫生的要求非常严格，其他机械产品的再制造企业同样不适合进行食品机械再制造。虽然该模式适用于产业初期环境与政策尚不完善、再制造技术不成熟、没有建立完整知识产权的情况，但结合现实情况，OEM 再制造运作模式并不适用于食品机械。

（2）独立食品机械再制造

独立再制造商模式同 OEM 再制造模式相同，都需要从事或专门从事食品机械再制造的企业对废旧食品机械进行再制造处理，但国内并没有从事食品机械再制造的企业[119]。但独立再制造模式再制造种类多、批量大、资源利用率和效益也较高。如果建立独立的食品机械再制造企业，可大量进行食品机械再制造，降低再制造品成本，从而降低了食品机械再制造产品的价格。但国内食品机械企业相比其他种类机械企业数量少、规模小、分散，要建立独立的食品机械再制造企业需要大量资金和政府支持。独立食品机械再制造企业可能存在回收物流成本高、回收数量少、再制造设备利用率低的情况。

(3) 小规模食品机械再制造企业

小规模食品机械再制造企业以各级经销商、维修厂等机构组织开展食品机械再制造活动。小型食品机械再制造企业没有能力引进科技含量高、技术领先的再制造设备，无法进行专业、精密及复杂的食品机械再制造生产活动。对于小规模零散再制造模式，要考虑部分食品机械消费者是否有能力将食品机械送至再制造处。该模式下，较为可行的方案是食品机械以旧换新活动。综上所述，小规模零散再制造模式同样不适合食品机械再制造。

(4) 联合再制造模式与承包商再制造模式

两种模式均需要与 OEM 模式合作，因此同样不适合食品机械再制造。

2.1.7 新模式的提出

传统再制造模式中存在诸多缺点，阻碍再制造产业的大范围发展，应开发新的再制造模式来规避已有再制造模式中的缺点，保留优点，扬长避短。针对不同再制造对象的特点与企业特点，建立起符合其特点的再制造模式。本节在已有再制造模式分析的基础上，提出了新型再制造模式，该模型相比传统再制造模式更具有合理性，适用于食品机械等对再制造有特殊需求的产品。

该新型再制造模式，即面向服务的多企业联合再制造模式（Service-Oriented Multi Enterprise Joint Remanufacturing，SOMEJR），该模式可由两种再制造模式构成：面向服务的再制造（Service-Oriented Remanufacturing，SOR）模式与多企业联合再制造（Multi – Enterprise Joint Remanufacturing，MEJR）模式，构成图如图 2.6 所示。下文将对这种新型再制造模式的内容以及构成进行详细论述。

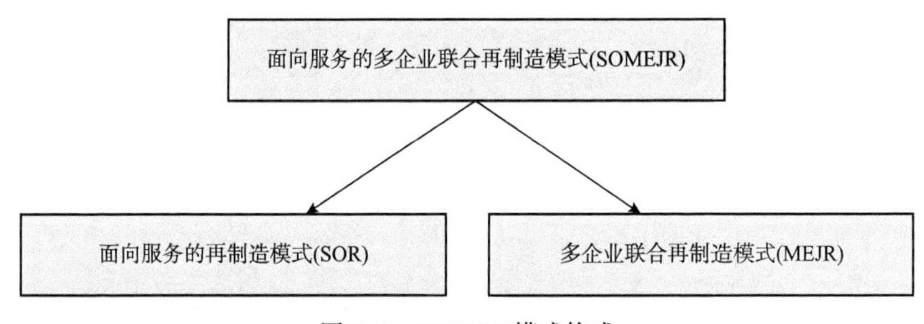

图 2.6　SOMEJR 模式构成

2.2 面向服务的再制造模式

2.2.1 面向服务的再制造模式的概念

经济全球化发展带动企业竞争日益激烈化，竞争核心从最初的产品逐渐转移到包括产品在内的一系列次生服务中来，各企业逐渐着眼于给消费者提供综合服务，而不再是产品本身。优质的服务带给消费者良好体验的同时有利于扩大企业与产品的影响力，树立形象，稳固消费群体，实现利润的稳步增长。制造行业在这种变革下紧随其后，实现了从单一纯粹的制造领域逐步向服务扩展，制造与服务正在慢慢渗透，两者互相依存，互为基础。企业收益也从以往的单纯依靠产品逐渐演变为从服务战略中收益[8]。图2.7为面向服务的再制造（Service - Oriented Remanufacturing，SOR）模式，这是一种新型再制造模式，SOR模式中消费者可以是销售商或者企业。

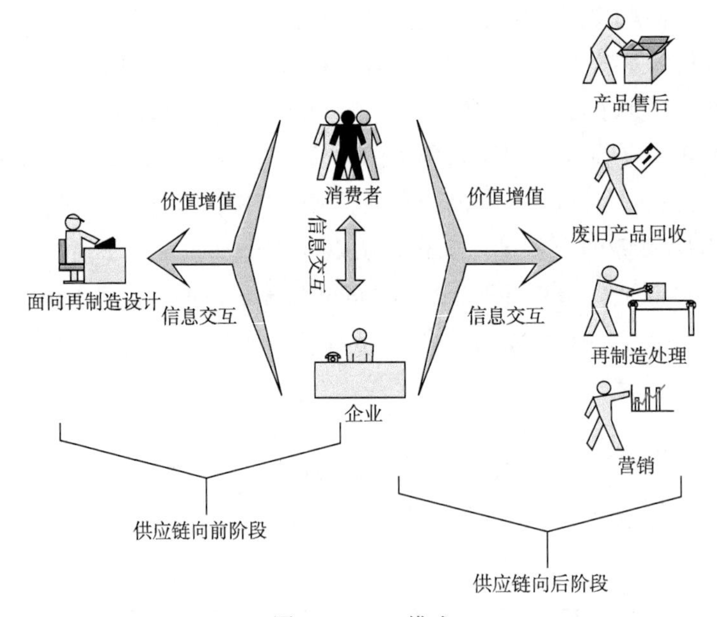

图2.7　SOR模式

生产商与消费者签订合同，生产商将产品以低于原始产品的价格出售后，购买方即SOR模式中的消费者，在双方约定的时间将废旧品送回生产商处，生产商对产品进行再制造处理后，再次以更低的价格出售给消费者[8]。传统再制造模式中产业链并不完整，SOR 模式在传统模式的基础上将传统产业链价值集中在中游的情况加以延伸，形成了涵盖了上、中、下游的完整产业链[54]。SOR 模式设计内容包括以下几个方面。

（1）契约设计

传统再制造模式强调大批量、少成本、质量高的再制造品。由于产品的相关服务成本与风险均由企业承担，因此，企业虽然承诺对产品提供相关服务，但仍存在一定的抵触心理。但在面向服务的新型再制造模式中产品与服务捆绑，企业需承担产品的维修责任和消费者使用期间的管理责任，还要承担产品后期的处置与管理责任。传统服务契约涉及面较窄，难以形成激励效应。在面向服务的再制造模式中，服务契约建立在产品之上，不但保证了产品功能完善的诸多细节，还为企业对废旧品的回收创造了机会，使消费者与企业互利共赢。

（2）废旧品回收

企业与消费者以契约的形式约定，在产品达到最佳回收时域时主动将废旧品送至指定收集点，确定的回收信息有利于企业安排再制造生产，使企业效益最大化。过程如图 2.8 所示。

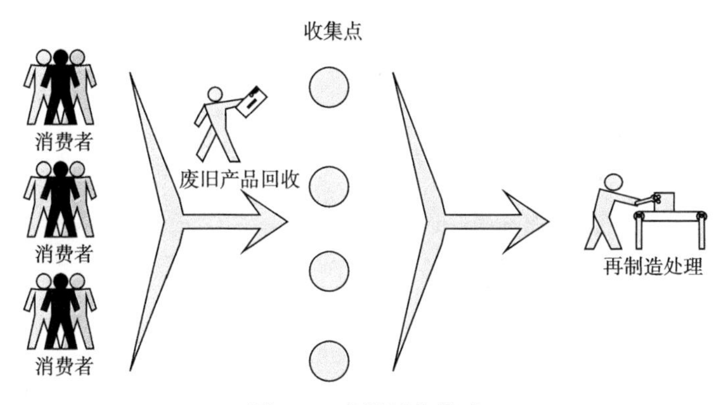

图 2.8　废品回收模式

（3）服务设计

设计应该覆盖上游与下游的生产环节，如图 2.9 所示。闭环服务系统中需要企业将各个阶段的服务需求进行整合，使服务和产品真正意义上融合，形成能够为企业创造出价值的闭环产业链。在面向服务的再制造模式下，服务设计应该与产品的再制造设计相结合，在服务为产品提供便利的同时，使设计能够更好地为服务而服务，两者应该互相兼顾而非单独存在，着眼于产品的全生命周期，落点于服务和后期产品服务管理。

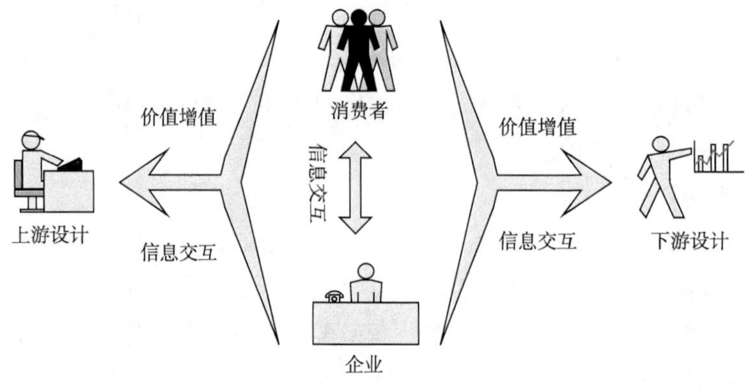

图 2.9　设计模式

（4）信息收集

消费者在使用产品阶段可将信息及时反馈回企业以便确定适当的服务时间、服务强度以及技术等，确定是否需要维护、更换，并利用企业自身专业知识提供专业咨询；另外废旧品回收处理阶段同样需要准确信息，降低再制造投入成本，从而使再制造品售价降低以增加企业利润，提供性价比高的产品与高品质服务，如图 2.10 所示。信息采集为产品使用以及再制造处理期间对环境危害提供了渠道；并且信息采集体现出企业以用户为重点的管理概念。

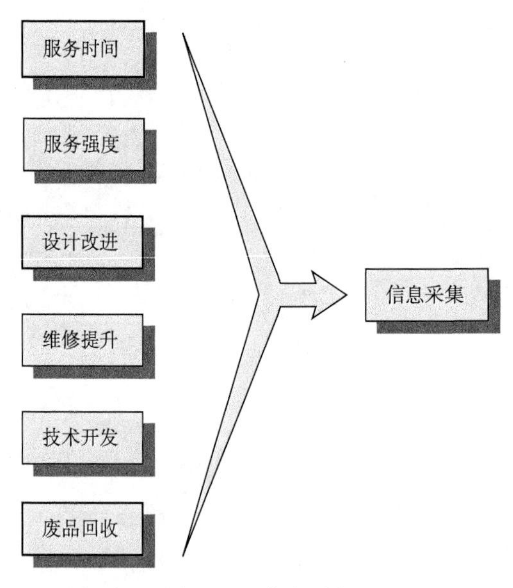

图 2.10　信息采集

2.2.2 SOR 模式的特点

SOR 模式是一种结合传统再制造与服务的新形式，属于先进制造范围。其优势主要体现在以下几个方面。

（1）面向再制造设计

可持续发展的迫切要求为再制造业提出了更高要求，制造业迫切需要融合设计理念，提高绿色产品的研发，提升产品绿色设计水平。产品走绿色设计之路是当代制造业的必由之路，绿色和创新已经逐渐被企业重视，并逐步成为设计开发的主旋律。绿色设计须对产品进行面向再制造设计，主要针对零部件结构展开再制造设计，重点考虑了产品全寿命周期末尾的最佳再制造时机。合理选取产品材料，避免产品寿命周期末端由于初始设计和选材的不合理造成的再制造难以进行的局面。面向再制造设计的初期为后续的再制造解决技术难题打下基础。发明问题的解决理论（Theory of Inventive Problem Solving，TIPS）、创新优势可给再制造设计提供具体方法[55]。利用 TIPS 原理根据客户要求，以产品再制造最佳时间为约束条件开展产品的再制造设计，保护核心零部件尽量避免在再制造拆卸阶段由于设计缺陷而导致的拆卸困难以及拆卸造成的损失，避免产品提前回收造成的再制造效果低于期望值的情况发生。

这种模式在产品生产开始前便对其进行再制造设计，以全寿命周期理论为指导，利用先进的技术和方法进行再制造设计，并且对企业再制造生产的各个环节，包括技术、人力资源、材料等全面综合设计以获取最佳再制造方案的所有程序。它包含了人、整体构成、材料、功能等的设计方法，主要对再制造性以及验证评价在最初阶段进行设计。面向再制造设计初衷是针对产品生命周期末尾的回收行为，因此更易于拆卸、更换和装配，使再制造复杂程度下降，实现了 SOR 模式中上游价值链增值。此外，制造商与消费者签订协议，主动回收废旧品进行再制造，为消费者提供了产品全寿命周期解决方案。这种高质量的售后服务很大程度地提高了再制造产品的营销策略，使这种新型再制造模式更容易被推广[56]。不但实现了面向服务的再制造模式中下游价值链的增值，更提高了企业的品牌号召力、影响力。在这整个过程中，消费者全程参与，及时将产品信息与使用情况反馈给制造商，实现消费者的服务增值。

（2）回收最佳时机

面向服务的再制造模式拥有时机最佳性的特点[8]。机械与电子设备整个服役过程内，性能变化规律大体服从“浴盆曲线”，如图 2.11 所示。

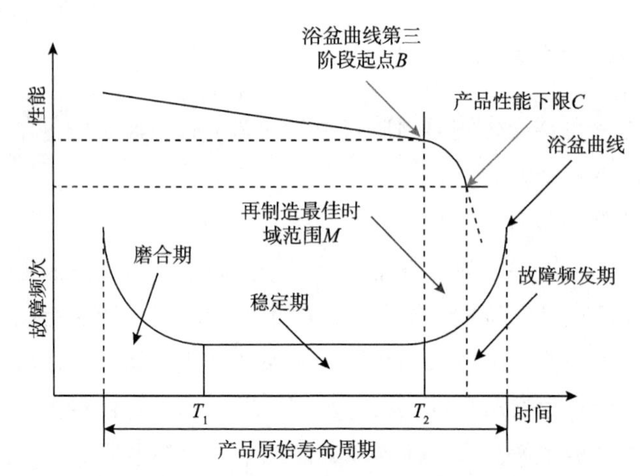

图 2.11 浴盆曲线与产品服役性能演变曲线

产品使用前期属于磨合期，失效率较高。这个时期的失效情况多由于人工操作失误或是对设备情况不了解造成的，需要人工调试，不需要投入过多成本，并且此阶段的维修与调试在制造商的服务初期费用不计，这是浴盆曲线的第一阶段；磨合期结束之后设备进入平稳运行阶段，工人与设备的磨合结束，可以熟练操作机器，该阶段不易出现故障，需偶尔对产品进行保养或维修，这是浴盆曲线的第二阶段；曲线进入第三阶段到了产品的损耗期，这个阶段由于产品服役时间的增加，损坏的累计，产品性能随之降低，该阶段故障时有发生，无论维修次数还是维修成本都急剧上升，但是该阶段产品仍然能够正常运行。这个阶段，即浴盆曲线的第三阶段。传统再制造是在设备彻底失效之后才对其回收，即产品寿命周期的终点。该时间点回收的废旧品再制造成本高昂且修复难度加大，如果产品服役环境恶劣或者过度使用，部分零部件将失去再制造价值。这无疑与再制造节约资源与可持续发展初衷背道而驰。

面向服务的再制造模式中产品制造商与消费者签订协议[57]，在产品服役进入浴盆曲线第三阶段且没有彻底报废之前选择最佳回收时机对废旧品进行主动回收，大幅提升了废旧零部件恢复其原有性能的可能性，降低修复难度的同时增加了设备再生使用周期。产品性能演变规律充分说明产品在生命周期服役过程中一定存在最佳回收时机与再制造时机，如果能找出该时机并对废旧品进行再制造修复、改进设计与产品升级，就能达到再制造经济性最佳、技术难度要求最低的目的。

（3）批量回收

传统再制造回收渠道不加以规范，导致回收的废旧品质量良莠不齐，部分废旧零部件已经完全失效至报废，导致可用于再制造的废旧零部件，即再制造毛坯的再制造加工工艺路线和所耗费的时间高度不确定。例如，处于浴盆曲线第三阶段的零部件有磨损情况发生，如果在该阶段进行回收再制造，只需对其进行表面磨损修复。如果在第三阶段结束，产品彻底报废之后进行回收再制造，那么零部件有可能已经出现几何尺寸损坏的情况，若对其进行再制造，所投入的成本与时间要远远高于磨损修复，更严重将出现彻底报废的情况。这种高度不确定的情况使再制造生产活动难以大批量进行，只能小批量展开的局面难以扭转。

SOR 模式下同批次产品处于一定且相差不大的运行环境与状态下，在最佳回收时域进行回收、修复可将用于再制造毛坯的质量差异特征控制在最小范围内，保证再制造加工工艺路线较为一致，将再制造批量化生产变为现实。SOR 模式独有的可批量化再制造特性是企业形成规模经济效应的必要条件[58]。

（4）服务为主

服务是物质产品不具备的特性，例如过程性、同步性、参与性、无形性。产品服务观念形成于 20 世纪 90 年代，制造业和相关行业关注点不应局限于生产与销售物质产品，还应着眼于满足消费者诉求的物质实体与服务行为的融合。应在满足消费者需求的同时，比传统制造模式与消费模式对环境产生的危害更小。SOR 模式从单纯为消费者提供产品转型为与服务结合在一起。其指导思想是为消费者提供产品全寿命周期的解决方案，战略重点扩展到客户所享受的服务质量不局限于产品自身[59]。SOR 模式服务特点有以下几方面。

①增大有用功能

产品制造扩展到产品服务。在这种指导思想下，制造商将仅依靠物质产品来满足消费者的单一供求关系转化成服务与产品互相渗透、互相融合的多元化形式。产品不但满足了消费者需求，还针对具体产品添加了延长其服役时间的一系列服务功能。

②降低双方成本

面向服务的再制造模式提高了产品的使用率与使用年限，双方尽可能不制造/不要求有形产品，以崭新方式服务于客户来实现互赢。

③降低资源消耗

在设备进入衰退期对其进行再制造处理，产品将以新品性能甚至高于新品的性能重新投入生产过程中，使“浴盆曲线”第一阶段与第二阶段延长，缓解了资源损耗危机，坚实地践行了可持续发展的策略。

传统再制造模式中企业并未将服务视为“商品”属性考虑在内，商品与服务处于脱节状态。企业无法为客户提供产品全寿命周期指导方案，造成客户体验较差。而在SOR模式下重视用户服务体验是企业的指导思想，从产品全寿命周期出发为客户提供整体而系统的解决方案。两者之间形成了利益共同体，在竞争激烈的市场中获得竞争优势，占领市场竞争的高地[60,61]。

（5）主动回收

传统再制造模式中无法预判废旧品回收时机，被动回收往往造成零部件失效程度等方面差异明显，废旧品数目和质量无法确定。废旧品质量状况不确定使再制造成本波动不定，过度使用导致产品以及零部件的再制造难度增加，再制造费用上升，增加了再制造产品的单价，影响再制造开展。废旧品数量不确定导致生产计划下达困难。被动回收废旧品对资源节约、企业成本减少等都是不利的。面向服务再制造模式克服了这一难题，将不确定性转化为确定性[62]。

面向服务再制造模式中企业可以掌握主动权，预估产品服役年限以及最佳回收时机，主动进行废旧品回收，稳定报废品及零部件数量以及再制造难度，对再制造成本进行掌控，让利益最大化。

（6）互动性

面向服务再制造模式中，消费者也从被动地接受再制造品转变为主动参与产品全寿命周期活动中来，及时传递关于产品的一切消息，企业掌握关于产品的信息越多，产品性能提升得更快，并将产品在使用过程中的一些体验、意见以及建议及时反馈给企业，根据实际情况及时对产品进行改良设计[8]。在获得良好体验后，消费者可以进行推荐。在激烈的市场竞争中，掌握越多的消费者群体越容易处于领先地位[63]。

2.2.3 SOR模式的实施路径

面向服务的再制造模式需要产品制造商与消费者通过契约机制签订合同协议，在此模式下的消费者可以是直接使用设备的企业，也可是销售方。制造商将产品以低于原始价格出售，消费者则按照合同中的规定，在商品使用到约定时间时将商品主动返回到生产商处，这里的约定时间根据产品的不同而不同，理论上回收时间是在商品进入“浴盆曲线”第三阶段的某个时间区域内进行[64]。制造商完成对返回的废旧品进行拆卸、检测、清洗、修复等一系列程序，经装配后的再制造新品由零售商以及负责回收的集成中心供应链网络，再次以更低的价格二次出售给消费者。负责废旧商品回收的机构或企业依据对回收来的废旧品的质量评估，将押金部分或全额返还给消费者。

面向服务的再制造模式实施路径如图 2. 12 所示。

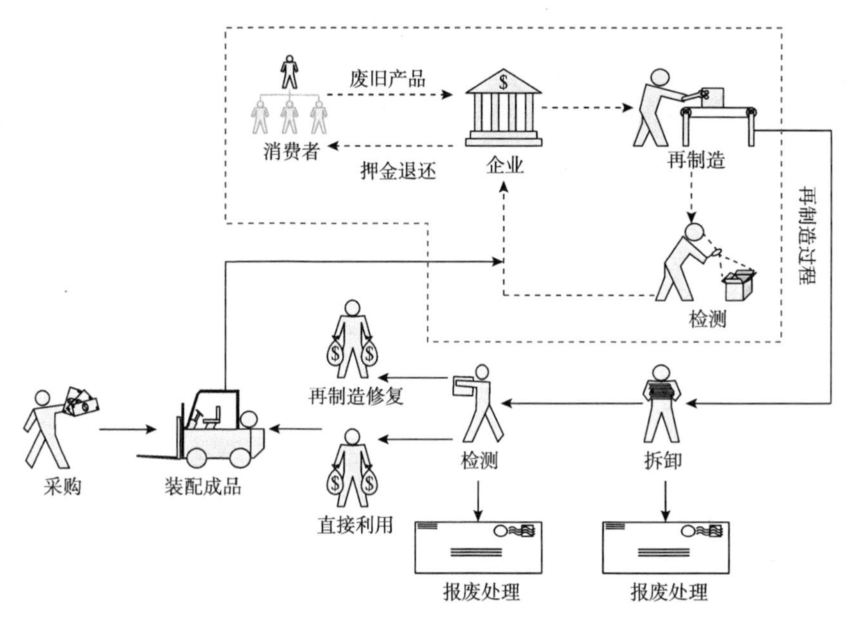

图 2. 12　SOR 模式实施路径

企业提供给消费者的不仅仅是产品本身，而是将服务与产品进行融合，消费者以更优惠的价格得到了更优质的服务。一方面消费者使用体验与满意程度大幅度上升，扩大了影响力，树立了形象，争取了更多的客户；另一方面能够保证用于再制造的毛坯质量，最大程度挖掘了产品剩余价值[65]。

消费者对再制造产业和再制造产品存在观念上的误区，部分消费者对再制造品存有偏见，对其品质不信赖，难以接受。而面向服务的再制造模式打破了这一传统偏见，消费者不但接受了再制造品，并且积极主动参与。消费者与制造商的结合为节约资源，推动产业绿色可持续发展起到了积极作用[66,67]。

2. 2. 4　SOR 主体技术理论

面向服务的再制造模式实施关键技术包括：再制造最佳时机预测、逆向物流运输网络平台建设与优化、生产计划制定、底层的可批量流水车间再制造生产调度、库存管理、设备管理等[68]。

智能计算技术大批量涌现，很多非常复杂的优化问题已经能够利用先进的计算机技术进行求解，计算机运行速率影响优化求解问题规模。但随着计算机技术持续革新，矛盾已经从计算机的运行速度转移到创建各种数学模型与算法求解上来[69]。之前很多无法求解的复杂问题现在都可通过计算机技术求得最优解。提出更多更完善的建模思想，建立优化问题的数学模型并进行模型求解，不确定规划理论正是顺应了研究主流的体现。

实践中所遇到的难题通常需在模糊环境下做出科学有效的决策，不确定规划理论的建立目的就是为了对这些问题进行建模与求解。目前研究中不确定规划理论包含三种具体模型：期望值模型、机会约束模型以及相关机会约束模型。本章将期望值模型与机会约束模型作为重点，为面向服务的再制造模式求解提供理论支撑。

（1）期望值模型

在一些函数期望值约束下对目标函数期望值优化，这部分模型被称作期望值模型，表示如下：

$$\begin{cases}\min E[f(x,\xi)] \\ E[g_j(x,\xi)] \leqslant 0, j = 1,2,\cdots,p\end{cases} \tag{2.1}$$

式（2.1）中：x 表示决策变量；ξ 表示随机向量；$f(x,\xi)$ 表示目标函数；$g_j(x,\xi)$ 表示一组随机约束函数，$j = 1,2,\cdots,p$ 。

（2）机会约束规划

①模糊机会约束规划

模糊机会约束规划属于随机规划问题。约束条件里包含随机参数、机会代表约束成立的概率，是约束条件执行的可操作性。为解决具有模糊参数的优化问题提供了途径。目前有两种求解方法：一种是运用了转化的思想把不确定的模糊规划问题转变成确定性的等价规划，这种转化的方法有使用范围约束，要求目标函数和约束参数必须符合某一种特征分布，其次为让约束或优化目标明朗，附加约束应以一定置信水平成立；另一种是逼近法，利用计算机技术模拟生成数据样本逼近机会约束函数，并使用算法进行模型求解[70]。

模糊参数下，极小数学规划可用下式表达：

$$\begin{cases}\min \bar{f} \\ pos\left\{f(x,\bar{\xi}) \geqslant \bar{f}\right\} \geqslant \partial \\ pos\left\{g_j(x,\bar{\xi}) \leqslant 0, j = 1,2,\cdots,p\right\} \geqslant \beta\end{cases} \tag{2.2}$$

式（2.2）中：x 为决策变量；$\bar{\xi}$ 为模糊参数向量；$f(x,\bar{\xi})$ 为目标函数；

$g_j(x,\bar{\xi})(j=1,2,\cdots,p)$ 为一组模糊约束函数；其中 ∂、β 为预定目标对于目标函数与约束的置信水平；$pos\{\cdot\}$ 是 $\{\cdot\}$ 发生可能性。

如果 $\overline{q_c}=(q_1,q_2,q_3)$ 是三角模糊数，给出任一置信水平 $\partial(0<\partial<1)$，当且仅当：

$$\begin{cases} g \leqslant (1-\partial)\cdot q_3+\partial\cdot q_2 \\ g \leqslant (1-\partial)\cdot q_1+\partial\cdot q_2 \end{cases} \tag{2.3}$$

成立，得到 $pos\left\{g=\overline{q_c}\right\} \geqslant \partial$ 成立，其中 g 是决策变量 $\overline{q_c}$ 的约束函数。

②随机机会约束规划

随机机会约束规划模型表示如下：

$$\begin{cases} \min E[f(x,\bar{\xi})] \\ E\left[g_j(x,\bar{\xi})\right] \leqslant 0, j=1,2,\cdots,p \end{cases} \tag{2.4}$$

式（2.4）中：x 表示决策变量；$f(x,\bar{\xi})$ 表示目标函数；$g_j(x,\bar{\xi})(j=1,2,\cdots,p)$ 表示一组随机约束函数；$\bar{\xi}$ 表示随机参数向量。

如果 ξ 退化成一个随机变量，用 φ 表示其分布函数，如果函数 $g(x,\xi)$ 表示成：$g(x,\xi)=h(x)-\xi$，那么 $pos\{g(x,\xi)\leqslant 0\} \geqslant \partial$ 在并且仅在 $h(x)\leqslant K_\partial$ 的时刻成立，其中 $K_\partial=\sup\{K=\varphi^{-1}(1-\partial)\}$，$\varphi^{-1}(1-\partial)$ 为 φ 的逆函数，$\sup\{\cdot\}$ 为集合 $\{\cdot\}$ 的上界。

2.3 多企业联合再制造模式

2.3.1 多企业联合再制造模式的概念

多企业联合再制造（MEJR）模式是在现有的几种再制造模式基础上，综合几种模式的优点提出的一种新型再制造模式。MEJR 模式采取多个企业联合投资建设再制造中心的模式，以一家或多家实力雄厚的制造企业牵头，多家企业联合投资建立再制造企业，由多家企业同时进行生产管理，提供技术支持。这种模式下的再制造企业拥有充足资金，并且融合了多家企业不同的科学技术与设备人员。相比 OEM 模式、IR 模式以及 CR 模式具有明显优势。多企业联合再制造模式拥有若干收集点、一个联合再制造中心、若干销售中心和多个处理中心[71,72]。

参与联合建设再制造企业的企业称为联盟企业（Alliance of Enterprise，AE）；没有参与建设再制造企业的企业称为非联盟企业（Non Alliance of Enterprise，NAE）[73]。

多企业联合再制造模式的回收模式为：MEJR 设置收集点，由收集点对联盟与非联盟企业的废旧品进行回收，达到一定数量之后由联合再制造中心安排车辆将废旧品运送至 MEJR 的处理中心进行再制造处理，MEJR 运作模式如图 2.13 所示。

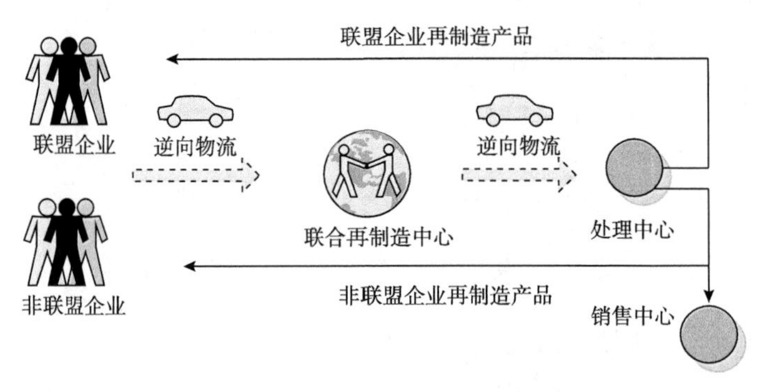

图 2.13　MEJR 运作模式

多企业联合再制造模式中新品销售时便与联盟企业签订合同，按照合同规定，联盟废旧品应送往联合再制造企业处进行再制造处理；联合再制造企业同时也可对非联盟企业的废旧品进行回收再制造，非联盟企业废旧品与联盟企业废旧品拥有相同的回收方式和再制造处理方式。区别在于：联盟企业的废旧品回收再制造必须由联合再制造企业执行，而非联盟企业可以选择联合再制造企业对其废旧品进行再制造处理，也可以选择其他机构进行处理。

联盟企业是企业个体之间在共同策略目标下联合形成盟友，自发地将资源进行互换，来达到企业各自阶段性目标。通过长期稳定且正式的合作，获取市场长久的竞争优势。联盟企业是一种新的合作关系，是一种被广泛使用的合作战略。出于信守承诺，联盟企业之间不会对彼此共享的信息真实性产生疑虑，这在很大程度上降低了联盟企业在监督管理上耗费的时间与精力，从而可以更快、更好、更高效地获取资源。此外，联盟企业从实力较强的合作企业处取得资源的意识会变得强烈，而这种意识又会促进联盟企业学习为合作企业带来成功且成熟的管理技术，以及产品创新技术与先进技术等诸多方面知识[73]。

联盟企业可以根据不同行业和不同产业链划分为两种类型：一种为相同行业间的相互合作关系，企业为了降低市场风险，或想在激烈的竞争市场中形成一股垄断势力而合作；另一种则是上游与下游产业间的互相合作，比如某品牌处理器与电脑生产厂商间的互相合作。两种类型中，上游与下游产业间的互相合作联盟关系效益更加突出，首先它可以降低企业间的交易成本[74]；其次这种合作关系能够使市场的供求关系趋向稳定，可有效促进产品研发与销售，联盟企业运作关系如图 2. 14 所示。

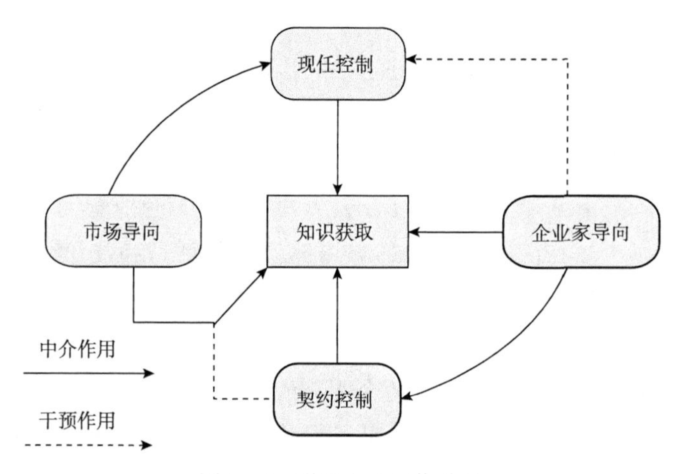

图 2. 14　联盟企业运作关系

联盟企业的核心是共享。知识共享可以促进企业和企业联盟的竞争能力。在特定的企业联盟中，联盟合作的企业间通常存在两种关系，即合作与竞争，这两种矛盾的关系可以促使合作企业之间的资源优化配置，加快知识共享。但这种共享并不能自然而然地发生，首先需要具备可供共享的知识资源、需求、共享知识的意愿和对应的共享机制，以上条件均具备后才可产生共享[75]。在知识共享过程中，会存在共享风险和相关利益冲突。

随着中国经济的迅猛发展和全球化速度的加快，更多的企业希望利用战略联盟来获取合作伙伴的稀缺资源，从而能在激烈的竞争中取得一定的竞争优势。联盟合作作为一类有效的社会控制机制，各个联盟企业之间相互信任十分利于从合作企业处获得资源。对于合作企业的信任不但代表联盟企业相信合作企业能够信守承诺，更体现了联盟企业对合作企业能力的信任。

2. 3. 2　MEJR 模式的特点

多企业联合再制造模式克服了传统再制造模式的部分缺点，更加适应目前的再制造需求，尤其是对再制造有特殊需求的产品。它具有以下几种特点。

（1）适用性

多企业联合再制造模式是考虑了国内食品机械企业现状的情况下提出的一种再制造模式。国内食品机械企业较为分散，且规模大小相去甚远，有大型食品机械企业，也有民间的小作坊。为了使资源充分利用，应使更多中小企业以及民间小作坊参与到废旧品回收与再制造中。

（2）技术与设备科技含量高

多企业联合再制造模式可以将多个企业资源进行整合，充分调动每个企业的优势，多企业共同投资解决了独立建造再制造企业资金短缺问题。多企业投资建设和多企业参与管理，有效调动企业以及人员积极性，使企业运作效率提高。

（3）消费者参与实现信息共享

在合约的约束下调动消费者的主动性，使消费者与企业共同参与再制造。同时消费者可以将产品在使用过程中的心得体会以及意见和建议及时反馈给制造商，实现信息及时沟通，共同提升再制造产品品质。

（4）环保性

开展多企业联合再制造模式可使企业与消费者共同参与再制造活动，扩大再制造的影响力度，提升消费者与企业的环保意识，共同走可持续发展道路。

（5）核心技术保护

企业将越来越多的科技理念和创新设计等融入商品之中，核心技术的保护与自身知识产权的保护也越来越被企业重视，核心技术才是竞争的关键，是企业的生命线。对于一些掌握着先进科学技术的企业来说，废旧品的回收也是对企业自身核心技术的最有利保护之一[76]。

2.3.3 MEJR 模式的实施路径

多企业联合再制造模式下的消费者即联盟企业与非联盟企业，可以是直接使用设备的生产商也可以是设备使用方。联盟企业共同投资建设联合再制造企业，同样需要产品制造商与消费者通过契约机制签订合同协议，协议规定联盟企业的废旧品必须交与联合再制造中心进行再制造处理，联合再制造中心对返回的废旧品进行拆卸、检测、清洗、再制造修复等一系列程序，经装配后的再制造产品，经由原回收网络再次以更低的价格二次出售给原消费者。联合再制造中心对回收来的废旧品质量进行评估，将押金部分或全额返还给消费者。在多企业联合再制造模式下，回收任务由联合再制造中心提供。非联盟企业的废旧品可以送至联合再制造中心进行再制造处理，也可以选择其他企业进行再制造处理。处理之后的再制造品可以二次出售给原非联盟企业处，也可出售给其他企业，由非联盟企业自行决定。

多企业联合再制造模式实施路径如图 2. 15 所示。

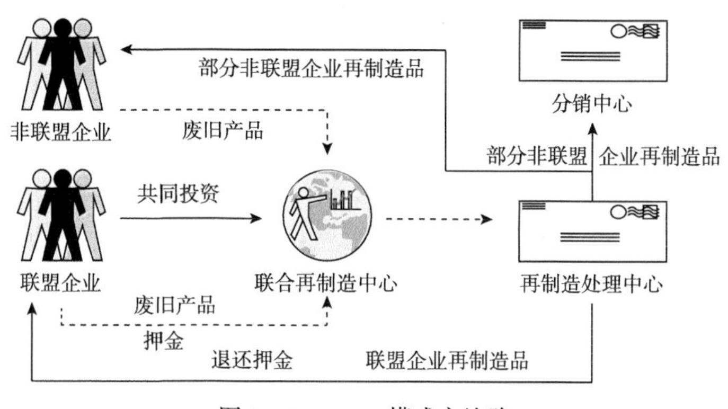

图 2. 15 MEJR 模式实施路

2. 4 面向服务的多企业联合再制造模式

2. 4. 1 面向服务的多企业联合再制造模式的概念

面向服务的多企业联合再制造（SOMEJR）模式是本文提出的一种新型再制造模式，在这种模式下由多企业联合投资建设再制造企业。该模式包括了面向服务的再制造模式与多企业联合再制造模式。以食品机械为例，参与建设联合再制造企业的企业称为联盟企业。联盟企业可以是食品机械企业，也可以是食品生产企业。不参与共同建设的食品机械企业称为非联盟企业。同样非联盟企业可以是食品机械企业，也可是食品制造企业。联盟企业通过资金合作、技术合作、管理合作、人员合作、设备合作等共同对联合再制造企业进行投资建设、生产管理、技术升级与维护、设备维护、再制造产品质量监控等，共同实现企业的正常运作与盈利。联盟企业的关系构成如图 2. 16 所示。

联盟企业通过入股，以契约方式建立一种稳定的合作关系。联合再制造企业在消费者聚集区域选择合适地点建立若干收集点，当废旧品达到最佳回收时域时由消费者主动将其送至收集点，在收集点的废旧品达到一定量时联合再制造中心组织车辆将收集点处的废旧品回收至联合再制造中心进行再制造处理。联合再制造企业也对非联盟企业的废旧品进行再制造回收处理。非联盟企业废旧品回收方式与联盟企业回收方式相同。

对于联盟企业与非联盟企业主动将废旧品运送至收集点的行为，联合再制造企业将给予一定的运输补偿。消费者对废旧品进行一级粗拆卸后将废旧零部件运送至收集点，联合再制造企业将再提供一定拆卸补偿。

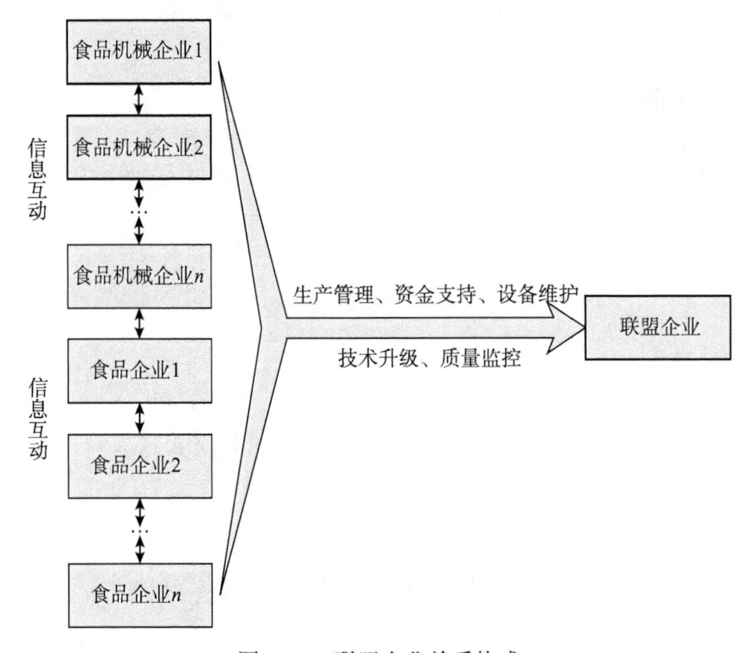

图 2. 16　联盟企业关系构成

联盟企业的废旧产品从消费者处到收集点，再到处理中心，再制造产品最终又回到收集点处，等待消费者将其取回。非联盟企业再制造产品最终流向联合再制造中心的销售中心等待销售。面向服务的多企业联合再制造系统回收流程如图 2. 17 所示。

经过再制造处理装配后的再制造产品，其中联盟企业的再制造产品经过原运输渠道运送至原收集点处，等待联盟企业消费者取回。而非联盟企业的再制造产品可以二次出售给原非联盟企业处，也可二次出售给其他企业。联合再制造企业支付非联盟企业一定的废旧品回收费用，再制造处理后的非联盟企业再制造品处置权归联合再制造企业所有。因此，非联盟企业再制造产品将根据情况，全部或部分运送至联合再制造企业销售中心进行销售。

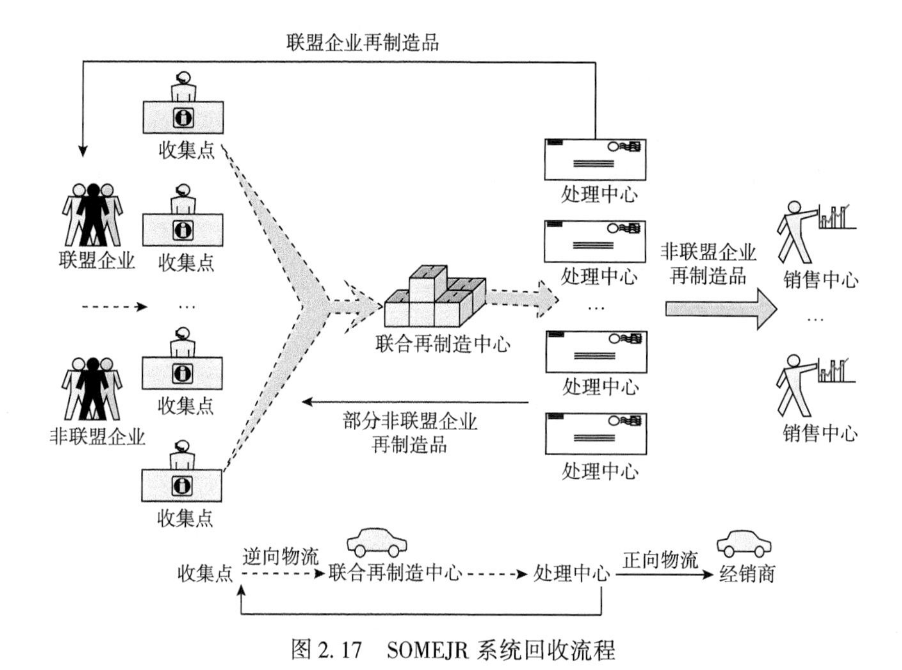

图 2.17　SOMEJR 系统回收流程

SOMEJR 模式具有传统再制造系统的特点，参考现有再制造企业生产管理控制模式，对 SOMEJR 系统关键技术整理如图 2.18 所示。主要包括废旧品最佳回收时域预测、运输网络优化、生产计划优化、库存管理、企业信息管理、资金管理。

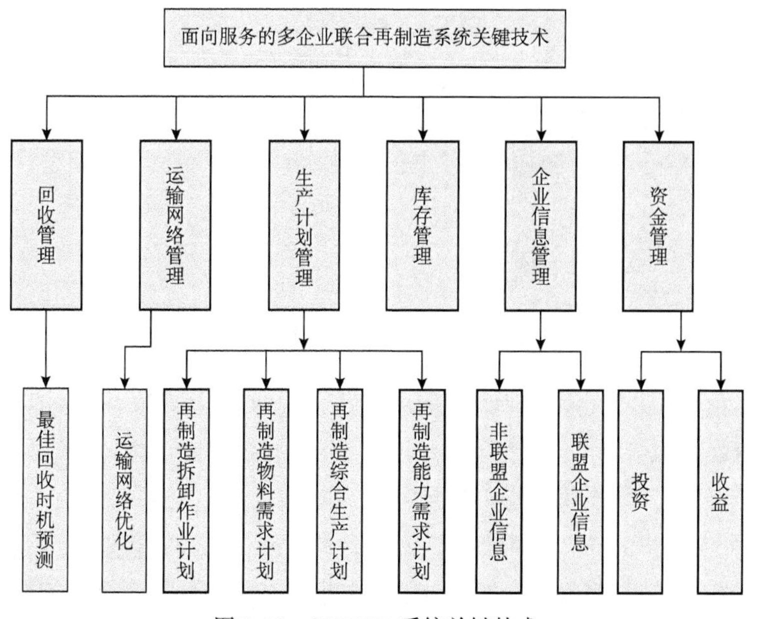

图 2.18　SOMEJR 系统关键技术

图2.19所示为SOMEJR模式的工作流程。消费者对废旧品进行一级粗拆卸后主动运送至收集点。再由联合再制造中心组织车辆将废旧品运送至处理中心进行二次细拆卸、检测、清洗、再制造修复、新零部件采购。报废的废旧零部件进行绿色处理。经过再制造装配后的再制造产品可进行二次销售，或返回原消费者处。

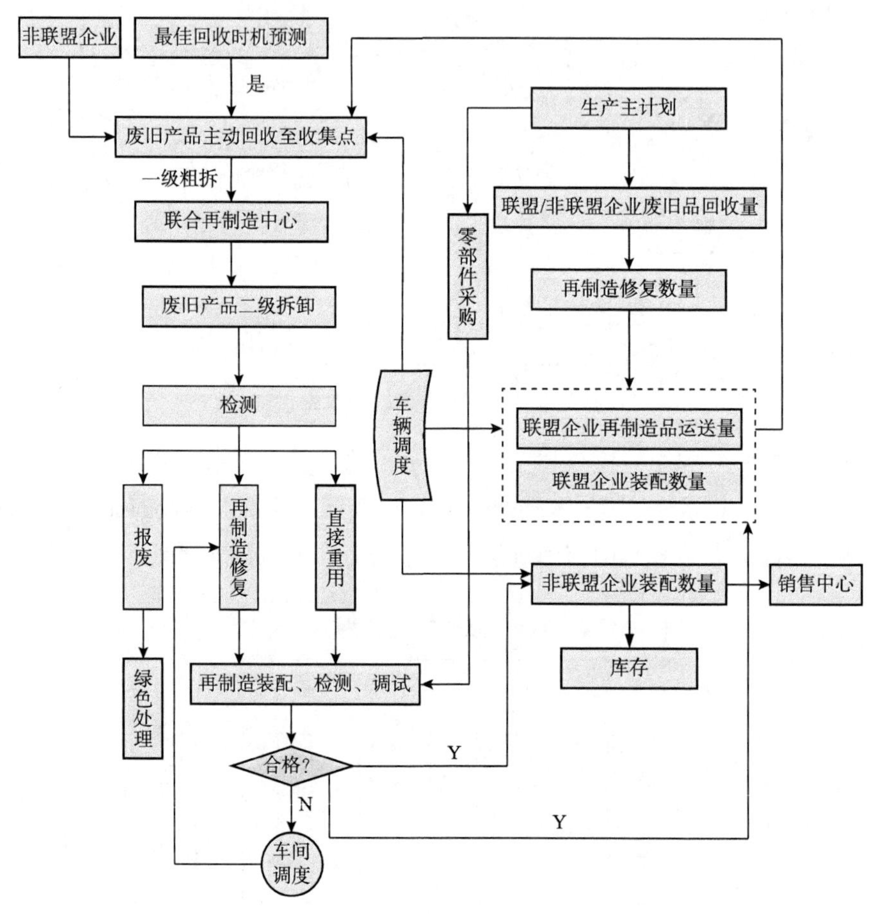

图2.19　SOMEJR系统工作流程

SOMEJR模式是一种互利共赢的模式。通过联盟实现资金集合、优缺势互补，完成彼此战略目标。独立再制造企业无法只依赖自身的内部资源来应付日渐复杂的竞争环境，较难获得稳定且足量的原材料来源、完善先进的再制造技术、大量的资金支持和更加广阔的市场。而联合的方式可以轻松得到这些资源，扩充企业的实力。根据目前中国食品机械企业的现状，联合再制造企业的模式是十分可取的[77]。

2.4.2 SOMEJR 模式的特点

（1）批量性

在面向服务条件约束下，联盟企业在指定时间段内将废旧品主动运送至收集点，在一个回收周期内可大批量回收废旧品，不再零散、少量回收废旧品进行再制造，提高再制造设备利用率与企业运转效率。

（2）回收数量可预测性

在面向服务的多企业联合再制造模式下，企业能准确把握每周期内联盟企业废旧品的回收数量，再根据企业实际生产能力安排非联盟企业废旧品回收数量。准确预测回收数量可以有效协助企业管理者更好地安排生产。

（3）回收最佳时机

在消费者购买产品初期与制造商签订协议，当废旧品达到最佳回收时域时将其就近、主动送往联合再制造企业设立的收集点，等待联合再制造企业组织车辆将其运回。

（4）技术与设备科技含量高

面向服务的多企业联合再制造模式可以将多个企业资源进行整合以充分调动每个企业的优势。多企业共同投资解决了独立建造再制造企业资金短缺的问题。多企业投资建设、多企业参与管理，有效调动了企业以及员工积极性，使企业运作效率提高。

（5）消费者参与实现信息共享

消费者主动参与调动了其主动性、积极性。消费者可将产品在使用过程中的心得体会、意见建议及时反馈给制造商，实现信息及时沟通，共同提升再制造产品品质。

（6）环保性

SOMEJR 模式实施可使企业与消费者共同参与再制造活动，扩大再制造的影响力度，提升消费者与企业的环保意识，共同走可持续发展道路。

（7）核心技术保护

企业将越来越多的科技理念和创新设计融入商品之中，核心技术才是竞争的关键，是企业的生命线。对于一些掌握着先进科学技术的企业来说，废旧品的回收也是对企业核心技术最有利保护之一[78]。

（8）联盟企业回收优先

收集点优先对联盟企业废旧品进行回收，当达到收集点回收数量极限时，首先停止对非联盟企业废旧品回收，保证联盟企业回收数量。

(9) 灵活性

企业可以在最佳再制造时域内安排好企业生产，保证生产任务按时完成的前提下将废旧产品送回再制造。

(10) 准确预测

面向服务的多企业联合再制造模式中，联盟企业每周期内的再制造产品市场需求量、废旧品回收数量，以及新品采购数量能够准确预测，减少了再制造系统的不确定性。

2.4.3 SOMEJR 模式的实施路径

面向服务的多企业联合再制造模式需要联盟企业间通过契约机制签订合同协议，在此模式下的消费者可以是直接使用设备的企业，也可是制造商。在面向服务的多企业联合再制造模式下，制造商将商品低于原始价格出售给联盟企业，联盟企业则应按照合同中的规定，在商品使用达到最佳回收时机将废旧品返回到联合再制造企业，这里的约定时间根据产品的不同而不同。联合再制造中心对返回的废旧品进行拆卸、检测、清洗、再制造修复等一系列程序，经装配后的再制造产品由联合再制造企业再次以更低的价格二次出售给联盟企业。联合再制造中心依据对回收来的废旧品的质量评估，将押金部分或是全额返还给联盟企业。

此外，对非联盟企业的再制造新品可以根据非联盟企业意愿，二次出售给非联盟企业，也可以由联合再制造中心发往联合再制造企业的销售中心销售给其他消费者。面向服务的多企业联合再制造模式实施路径如图 2.20 所示。装配所用的新品零部件均可从联盟企业处采购。

2.4.4 SOMEJR 模式下的知识产权问题

参与建设再制造企业的联盟企业，废旧品经再制造后，仍标注原联盟企业产品商标。由于参与建设再制造企业的联盟企业在资金与技术、人员设备上均提供有效支持，因此，经再制造处理后的再制造新品应标注原企业商标。对于非联盟企业的废旧品，商标可通过两种方式进行标识：买断与不买断。

联合再制造企业回收非联盟企业废旧品后，支付非联盟企业一定费用买断商标所有权。非联盟企业未参与建设联合再制造企业，未提供相应的技术人员、设备以及资金支持，因此，非联盟企业的废旧品经再制造处理后，联合再制造企业可对这部分再制造新品标注新的商标，该商标归联合再制造企业所有。

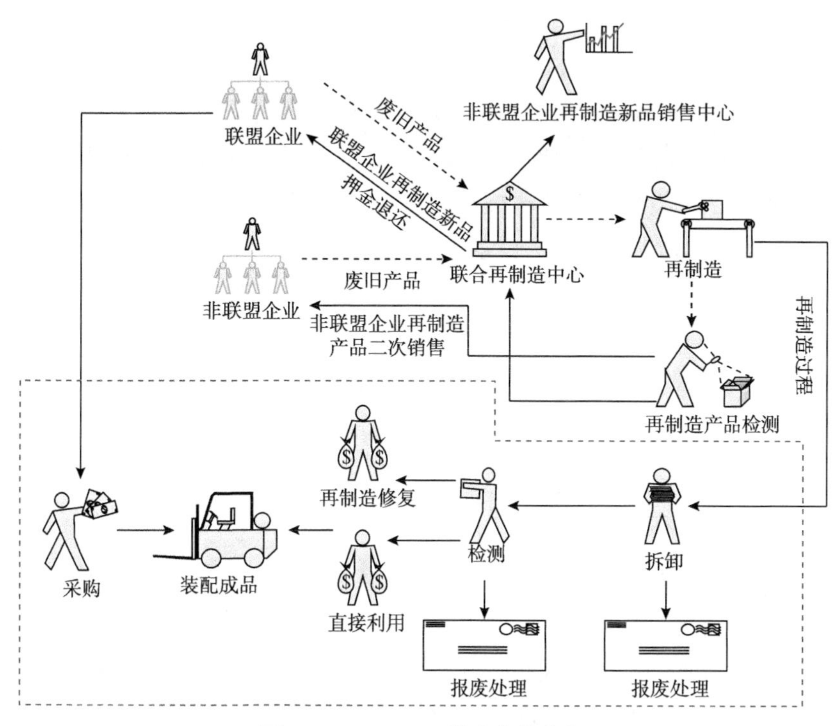

图 2.20　SOMEJR 模式实施路径

不买断的情况下，联合再制造企业支付非联盟企业一定废旧品费用，不买断该产品商标，再制造新品贴非联盟企业商标与联合再制造企业商标，即双标。

非联盟企业为食品生产企业，商标使用情况与非联盟食品机械制造企业相同，需与原食品机械制造商就知识产权归属进行协商，确定商标使用情况。表 2.1 为面向服务的多企业联合再制造模式再制造产品的商标使用情况。

表 2.1　SOMEJR 模式再制造产品的商标使用情况

联盟企业	非联盟企业	
单标（联合再制造企业商标）	买断	不买断
	单标（联合再制造企业）	双标（联合再制造中企业）& 原厂标

2.5　几种再制造模式分析

对现有 3 种再制造模式以及本文所提出的新型再制造模式从以下几个方面进

行评价：

（1）运营成本

运营成本是再制造所消耗的费用，用来维持企业的生产和发展。它与企业的运营、组成、相关设备和设施密切相关。合理的运营成本将直接影响再制造经济效益。四种模式中，IR 模式运营成本相对高，前期需投资大量资金建设再制造厂，引进独立技术人员与再制造设备，开拓市场等，其次是 CR 模式。OEM 模式运营成本相对较低，它不需要独立的再制造企业，更不需要投资大量资金引进人员与技术等。

SOMEJR 模式的运营成本相对较高，但该模式采用多企业联合的方式，因此运营成本可以多企业分摊或根据合同按比例分摊，因此，SOMEJR 模式的运营成本相比其他三种模式有一定优势[79]。

（2）再制造成本

再制造生产决定了再制造成本，再制造成本影响了再制造产品与原始产品价格之间的优势差距。再制造成本包括库存成本、运输成本、报废品处理成本等。OEM 模式、IR 模式与 CR 模式在运输成本上投入较高，这三种模式没有消费者主动参与，需要企业对废旧品进行回收。库存方面，由于废旧产品信息的不明确，无法做出准确判断，导致三种再制造模式库存成本均较高，其中废旧产品、废旧零部件、所购零部件、再制造品均产生库存。由于三种模式并未在废旧品的最佳回收时域对其进行回收，因此拆卸所得率低，废旧零部件过多导致处理成本大。

SOMEJR 模式中联盟企业库存成本、运输成本、报废品处理成本等相比其他三种模式有绝对优势：首先，该模式下的正向与逆向物流辐射半径减小；其次，联盟企业在废旧品最佳回收时域进行回收，因此报废率低，对应的处理成本也低；在库存成本方面，联盟企业再制造产品装配完成后即可安排运输，并且新零部件采购信息明确，因此联盟企业不产生库存。综合来看，SOMEJR 模式中的再制造成本相对其他三种模式有明显优势。

（3）再制造原材料来源

再制造原材料来源决定了再制造企业运作的效率，再制造原材料来源少，导致再制造企业利润降低，维持再制造企业的正常运行困难，因此，稳定而可靠的再制造材料来源对再制造企业的正常运行至关重要。IR 模式相比 OEM 与 CR 模式拥有相对稳定的再制造原材料来源，虽然 IR 模式也有可靠稳定的再制造材料来源，但用于再制造的废旧品质量不如 SOMEJR 模式。OEM 与 CR 模式下，企业并非主要进行再制造生产，因此其原材料来源不稳定、数量少。

SOMEJR 模式拥有固定、稳定、足量的再制造产品原材料来源，这部分稳定的原材料来源于联盟企业。与此同时，非联盟企业也可以提供一定的再制造原材料[79]。

（4）销售网络

销售是再制造产品的最终价值与使用价值的实现。再制造企业的利润很大程度上依赖于售后、市场战略和销售通道。新产品和再制造产品之间的选择取决于客户的消费偏好，即价格敏感客户或质量敏感客户。OEM、IR、CR 三种模式中对废旧品回收再制造后，进行销售。这种传统运营方式使消费者很难接受再制造品，很容易将“再制造”商品与“二手”商品混淆，导致消费者从思想上对再制造产品产生排斥。

SOMEJR 模式中的联盟企业是该模式中的固定销售网络，采用原设备、回原厂的销售方式，很大程度上提升了消费者对再制造产品的认可程度。而其他三种再制造模式中再制造产品没有固定的销售网。

（5）资源利用率

合理利用废旧品资源，使资源利用率最大化，为再制造创造出更多的价值。OEM、IR、CR 三种模式的传统回收方式决定了废旧产品的拆卸所得率低，不能物尽其用。从人力资源利用率来看，传统再制造模式采用被动的回收方式，没有调动消费者参与再制造活动的积极性，因此人力资源利用率低。从设备利用率来说，传统三种再制造模式中，废旧产品来源的不确定性，导致企业设备使用率不定，回收率过高时，设备不足；回收率过低时，设备利用率降低。

SOMEJR 模式中，联盟企业在废旧品最佳回收时域对其进行回收，提高了废旧产品的拆卸所得率，减少了报废零部件数量，使资源利用最大化。在该模式下，消费者主动参与再制造活动，并通过资金补贴的形式调动了消费者积极性，提高了人力资源利用率。SOMEJR 模式能够使设备维持正常利用率。

（6）质量管理

满足实用性是再制造产品的质量要求，也是再制造成功的重要标志。同样，它是再制造品的最终评估标准。合格的再制造产品来自再制造过程中对产品质量的监督。另外，虽然新产品和再制造产品在功能上没有太大差异，但客户从产品质量角度将它们视为不同的产品，新产品的质量高于再制造品。OEM 与 CR 模式中企业不直接参与再制造活动，因此无法直接参与再制造品质量管理。IR 模式可以直接参与再制造产品质量管控，并进行监督。

对于质量管理，SOMEJR 模式与 IR 模式都能很好地对再制造产品质量进行严格把控，区别在于，联盟企业对再制造产品质量的把控可以由多个联盟企业同时进行，全方位、多角度、全面地对再制造产品质量进行监管[79]。

（7）面向再制造设计

创新和先进的再制造设计技术，可以提高再制造率，改善再制造质量和降低再制造成本，提高企业利润，面向再制造设计已经被广泛应用。OEM、IR、CR 三种模式并未将面向再制造设计作为其重点，对产品性能的提升仅仅依靠后期再制造修复，并未从根源上对再制造产品性能提升；缺少与客户的互动，减少了信息交换，无法及时对产品进行再制造设计与改进。与消费者进行信息交流能够掌握产品一手信息，在产品设计初期便进行再制造，延长产品全寿命周期内的性能。

SOMEJR 模式中，在产品生产前便根据客户要求对产品进行再制造设计，实现供应链上游的价值增值，也为产品后续再制造活动打下良好基础。

（8）再制造工艺技术

在技术竞争的时代，产品质量是企业发展的动力。再制造工艺技术是实现再制造的必要条件。它们主要包括拆卸技术、清洁技术、检测技术、修复技术、再加工技术、重组技术和测试技术等。在再制造工艺技术方面，IR 模式是专业从事再制造的企业，能引进专业的再制造技术与设备，但受资金限制，无法引进先进的设备与人员，限制了再制造的发展。OEM 与 CR 模式均不是专业从事再制造活动的企业，因此在设备与技术方面有所欠缺。

SOMEJR 模式中采取多家企业联合的方式，可以使资金实力更加雄厚，进而引进科技含量更高的设备与再制造技术。

（9）知识产权保护

OEM 品牌所有方委托制造商并授予其使用品牌商标的权限，但不直接参与产品销售。政府对于 IR 独立的制造商监管体制尚不完善，并且容易产生再制造商品与新品间知识产权纠纷。CR 模式与 SOMEJR 模式都可有效避免知识产权纠纷[80]。

（10）专一性

OEM、IR、CR 三种模式中，仅 IR 模式以再制造为主，而 OEM 与 CR 模式均不是独立进行再制造的企业模式，承接各种产品的制造/再制造活动。IR 模式虽然是独立再制造，但接收多种不同领域的废旧品再制造业务，并未建设针对某一种产品专属生产线，多种产品混合进行再制造生产活动。对于食品机械等对再制造有特殊卫生、安全等要求的产品不适宜与其他产品共用一条生产线，以免造成污染。

而 SOMEJR 模式由食品企业联合建设再制造企业，在该企业进行再制造的产品均为食品机械。针对食品机械再制造的特殊要求建立专属再制造生产线，专一性更强。

表 2.2 分别从三个方面对比传统再制造与 SOMEJR 模式的不同点。

表 2.2 传统再制造与 SOMEJR 模式对比

对比指标	生产类型	再制造模式	
		传统再制造模式	SOMEJR 模式
		多种类/少种类、小批量	多种类、大批量
策略	策略重点	再制造产品	再制造产品和服务
	价值观	单一控制	集成控制
	运行模式	被动运作	主动运作
	运行机制	技术集成	资源和技术集成
机制	方法思路	技术指导	增加人为因素
	技术支持	全寿命周期	服务理论
	实施难点	观念陈旧	政府扶持
	网络拓扑结构	线性机构	网状闭环
模式属性	信息传播方式	信息独立	信息互动
	消费者参与性质	被动接受	主动参与
	预测水平	基于计划	基于协议
模型稳定性	废旧品回收数量	稳定/不稳定	稳定
	废旧品回收质量	不确定	确定
	废旧品可靠度	低	高

对比传统模式与本文所提出的面向服务的多企业联合再制造模式可以发现，SOMEJR 模式能规避传统再制造模式中的缺点，并在保持传统再制造模式优点的基础上更适合进行食品机械等对再制造有特殊需求的产品的再制造生产活动，且较符合再制造的未来发展趋势。

2.6 SOMEJR 模式研究思路

对 SOMEJR 模式的研究思路如图 2.21 所示。首先对废旧品的最佳回收时域进行预测，达到最佳回收时域后对运输网络进行规划，确定最佳运输路线以及处理中心位置坐标，企业可根据这些数据安排运输，令整个系统的运输成本最优。当废旧产品运输回联合再制造企业后，对企业主生产计划进行优化，确定每周期内的新品采购数量以及再制造产品装配数量，企业根据这些数据来安排生产。经装配后的再制造产品按照原运输路径运送至原收集点等待消费者取回，或运送至销售中心。最后对 SOMEJR 的原型系统进行设计，验证了 SOMEJR 模式的可行性。

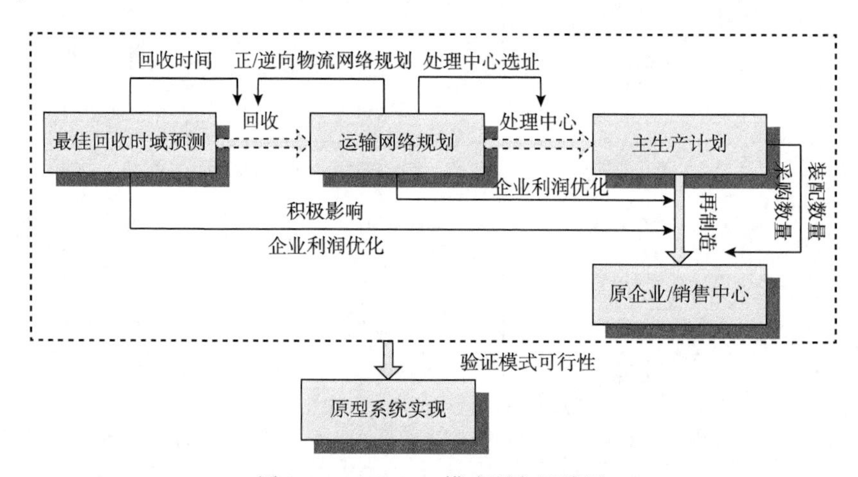

图 2.21　SOMEJR 模式研究思路图

本章分析了现阶段三种主要再制造模式，在此基础上提出了一种面向服务的多企业联合再制造模式，对其概念、特点、实施路径与关键技术进行阐述。该模式更适用于食品机械以及对再制造有特殊需求的产品。SOMEJR 由两种模式构成：SOR 模式与 MEJR 模式。并对这两种模式的概念、特点以及实施途径进行说明，指出 SOR 模式中回收时机最佳的和废旧品可批量化回收的特性是有别于传统再制造模式的制胜点。最后对比分析了三种再制造模式与 SOMEJR 模式，指出新型再制造模式的优势所在。

3　废旧产品最佳回收时机预测

根据“浴盆曲线”理论，废旧品具有回收时域最佳的特点。因此确定准确的废旧品回收时域对废旧品性能恢复尤为关键。废旧品回收过早，其使用价值未得到充分发挥，无法达到节约资源的目的；废旧品回收过晚，再制造成本高，修复难度加大，严重的将导致废旧品无法再制造被迫报废处理。本章以食品机械为例，将产品原始寿命周期内服役成本作为基础，将产品的原始价值、再制造成本以及回收时域影响因素考虑在内，运用两参数威布尔分布来表示产品的失效率函数，将产品单位服役时间内的期望费用最小作为优化目标，建立数学模型并通过实例对再制造最佳时域进行预测[81]。

3.1　废旧产品最佳再制造时域内涵

3.1.1　废旧产品服役性能

产品在服役过程中，随着时间的推移会出现多种失效形式。机电产品中的机械零部件一般都有某种功能，为了实现该功能必须承担载荷或是某些运动，在正常运行的情况下，零部件不会轻易丧失这种特定功能。但超出零部件所能承受的载荷范围后，例如承载过大，服役环境恶劣，工作强度过高，产品质量不符合标准或者出现人工操作失误，都会造成零部件失效的情况。零部件的失效概括起来主要有两大类：一种是整体失效；另一种是表面失效。其中整体失效又分为断裂失效及过量变形失效；表面失效的主要表现形式有磨损失效、表面疲劳失效、表面胶合失效、表面腐蚀失效、表面电蚀失效和表面塑性失效[82]。

产品使用时间是指产品在正常运行状态下满足规定任务并安全生产的时间。使用时间的测量指标通常有使用次数、使用周期等，通常采用使用周期进行相关计算。考虑到不同产品使用频率各不相同，各个测量指标之间可以互相转化但不影响优化结果[83]。

废旧零部件都有最佳回收时间域，相同的废旧品即便它们使用工况不同，但是废旧零部件的最佳回收时间决定了其磨损程度在一段范围内波动，并且绝大多数废旧零部件的失效程度在某一个“失效点”周围徘徊，越远离“失效点”则废旧零部件越少，其分布形态与正态分布相似[84]。因此，废旧零部件的修复时间同样认为是正态分布，如图 3.1 所示。

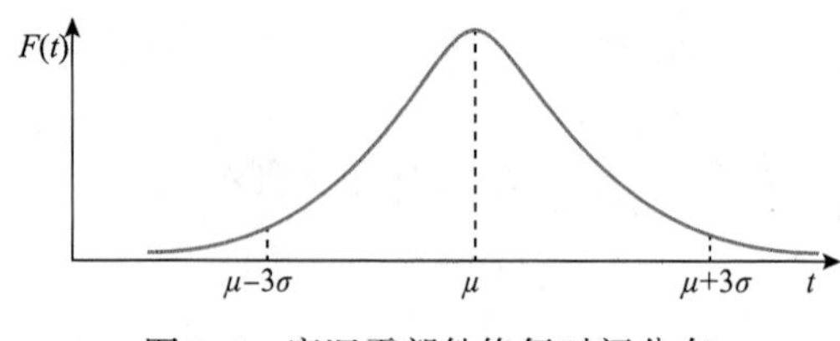

图 3.1 废旧零部件修复时间分布

假如不考虑产品后续的再制造，产品性能会随着时间的增加衰减。在使用初期，衰减较慢；在使用中期，性能下降慢并且平缓；在使用后期，产品性能曲线下降加快。文献[82]在对产品主动回收研究中提出了功能上限与功能下限的概念。

性能上限：在产品的全寿命周期中，各项性能指标均有劣化的情况发生，应在此时进行再制造，将这个时刻视为产品性能上限，对应时刻称作可进行产品回收的时间区域上限。性能上限主要通过能量消耗与成本这两种性能指标来确定。将产品寿命周期与寿命周期能耗作为优化目标，之后根据零部件时均能耗与成本从低转向高的时刻来标识性能上限。

性能下限：性能下限的作用是判定一个时间点。在该时间点之后，产品因过度使用或损耗等导致再制造所投入的成本与技术难度增加，丧失了再制造的意义，即在该点前，产品或零部件具有再制造意义，在该点之后进行再制造需要付出更多的成本，消耗更长时间，致使再制造产品的价格增加。性能下限对应的时刻被称作再制造回收的时间区域下限，该点的科学确定在于对产品的服役时间做出准确与合理的评估。废旧品再制造区域如图 3.2 所示，性能上限和性能下限所限定区域是较小区域，随机选择该区域中的 M 时刻进行再制造回收较为适宜[85,86]。

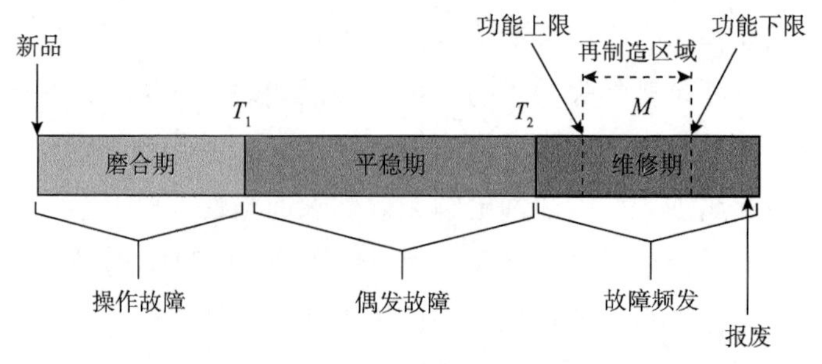

图 3.2 废旧品再制造区域

3.1.2 最佳回收时域相关概念

传统再制造对废旧品的回收较为盲目，忽视了产品以及零部件自身的性能演变规律，均在其报废之后进行回收，这样的回收方式导致回收的毛坯质量参差不齐，严重阻碍了再制造的发展，并且落后的再制造营销模式也使绝大多数企业难以接受再制造品，导致再制造停滞不前。因此，被动等待再制造的模式将逐步退出历史舞台，取而代之的是“主动”进行再制造。主动考虑产品服役期内性能演变规律，主动对最佳回收时域内的废旧品进行再制造，从而避免资源利用不充分的现象。

最佳回收时域以全寿命周期理论作为指导思想，实现产品性能的延续与提升，以优质、环保、节能等为准则，对处于服役期的且使用相同设计方案的同一批次的产品，在一个恰当的时间内主动对其进行回收的一系列活动[82]。最佳时域内对废旧品回收具有 6 个重要特征。

（1）主动性

相比于传统的“被动”再制造，“主动”再制造是面向服务的多企业联合再制造模式的主要特征。这种模式通过主动预测产品性能确定最佳回收时域，在该时域主动对其进行回收。传统再制造模式中废旧品通常由专业回收机构组织回收，消费者不直接参与回收活动，而在 SOMEJR 模式下，废旧品以契约约束的形式要求消费者参与，主动将废旧品送至指定收集点，更加强调了消费者的参与。

（2）批量性

不同于传统再制造中对废旧品小批量再制造，最佳回收时域内对废旧品进行回收，可最大限度降低因废旧毛坯件质量差异而引起的修复难度增大的问题，提高再制造过程的稳定程度，确保再制造以低成本、高效率运行，从而实现再制造的批量化，形成再制造规模经济性。采取同一批设计并进行生产的产品，其最佳回收时域范围是相似的，因此，SOMEJR 模式可以实现在一定时间范围内对废旧品进行批量回收，从而解决了传统再制造模式中废旧品来源以及数量的不确定性。

（3）最佳回收区域客观存在

同一批次使用相同设计方案的产品，在忽略外界因素影响的前提下，伴随服役时间的推移，产品性能将逐渐退化直至彻底报废。这种性能演变规律决定了在产品的服役过程中，客观存在再制造回收的最佳时域，在此时域内进行再制造，能最大程度地将产品恢复至原有的性能[83]。

（4）修复成本最小

传统再制造模式下，废旧品在报废后才对其进行回收，该状态下废旧品损耗程度以及产品性能已经到报废临界值，在拆卸与检测过程中势必会报废大量零部件，可重用数量大大降低，需要修复的废旧零部件则需投入更多的技术、人工、材料等，这在很大程度上增加了废旧零部件的修复难度。若使其恢复原有性能需投入更多的成本，导致再制造产品的售价在一定程度上增加，不但增加了消费者负担，同时再制造品售价与新品售价之间不明晰的价格差异也会导致消费者倾向购买新品。而在 SOMEJR 模式中，在最佳时机内对废旧品进行回收，可以将再制造产品的成本降到最低，使再制造产品的价格降低，吸引更多的消费者参与到 SOMEJR 模式中推广再制造产品。

（5）失效分析明确

报废之后回收的废旧品，对其失效原因的分析变得不明晰，很难判定是由于产品过度使用导致零部件疲劳断裂、腐蚀等引起的失效，还是由于产品设计存在问题导致失效。在最佳回收时域对废旧品进行回收，可以清晰地分析出产品的失效原因，为产品的后续改进设计、材料选用提供一手信息。

（6）知识产权保护

在 SOMEJR 的回收模式中，制造商对自身生产的产品回收，是对知识产权的保护，避免重要设计结构，以及产品的其他相关信息外泄。

3.2 影响废旧产品最佳回收时域的因素

3.2.1 再制造设计对产品最佳回收时域的影响

绿色设计的思想简单且遵循逻辑，从根源上杜绝污染，使设计与制造形成一个整体。不要在污染之后才进行处理。应该提前预测产品和生产工艺对环境造成的消极影响，并防微杜渐。根据统计，至少 70% 的产品最初的设计决定了它们的制造与使用成本。再制造设计在产品的设计与构思期间便展开实施，使产品更加节省成本，并为后续活动创造良好的基础[87]。

再制造最佳回收时域受一些因素影响，将这些影响再制造最佳时域的因素称为再制造最佳回收时域影响因子。通过对产品进行面向再制造设计可以影响这些因子，并对数值进行优化。影响再制造最佳回收时域的因素有：原材料消耗成本 E_y、

制造耗能 E_z 、拆装过程耗能 E_c 、使用能耗 E_s 、再制造耗能 E_{zz} 、设计成本 C_s 、材料成本 C_c 、人力成本 C_r 、管理成本 C_g 、使用成本 C_y 、废旧品回收成本 C_h 。

所有产品生命周期内的总能耗可以表示为：$\sum E = E_y + E_z + E_c + E_s + E_{zz}$

产品生命周期内的总成本可以表示为：$\sum C = C_s + C_c + C_r + C_g + C_y + C_h$

产品所呈现出来的质量、连接，以及材料特征，都是由设计来驱动。良好的再制造设计可以使产品降低生命周期内的总能耗与总成本，为了明确再制造设计，首先需要明确设计方向以及设计目的，带有创新特征的优化结构是重要的推动力[88]。面向再制造设计需要考虑到以下特征。

（1）零部件的结构与位置的变化。零部件结构与位置的变化对生命周期内总能耗与总成本有影响。

（2）零件的尺寸变化。零件的尺寸变化影响产品的原材料能耗与成本，尽可能减少产品设计中的原材料使用并且缩小结构尺寸，方便后续的运输与维护。

（3）零部件连接结构的变化。在零部件的连接结构中，应多选取易拆卸的卡扣式结构，应尽量多保留核心零部件，使更多的零部件可再制造。

（4）结构便于清洗。废旧零部件进行清洗是再制造中至关重要的一步，尤其是食品机械，关乎食品的卫生安全，对卫生清洁的要求更加严格，废旧品表面残留的污垢对后续再制造处理影响较大。面向再制造设计要求食品机械中不能存在难以清洗的死角，以防食物残渣的堆积导致食品腐坏。

（5）应使产品易于分类。合理并快速地将废旧零部件进行分类，整齐化库存，加速仓储流通，使库存成本降低，保证整个再制造过程流畅进行[89]。

TIPS 理论使创造者针对问题进行系统梳理，快速找出问题的根本点和矛盾所在，并制定出探索方向，找到所有可能性，TIPS 理论在创作的过程中帮助创造者打破思维定式，从崭新的视角看待问题，同时进行逻辑和非逻辑思考，引导创造者并协助其创造出新品。TIPS 矛盾解决与产品创新流程图如图 3.3 所示。

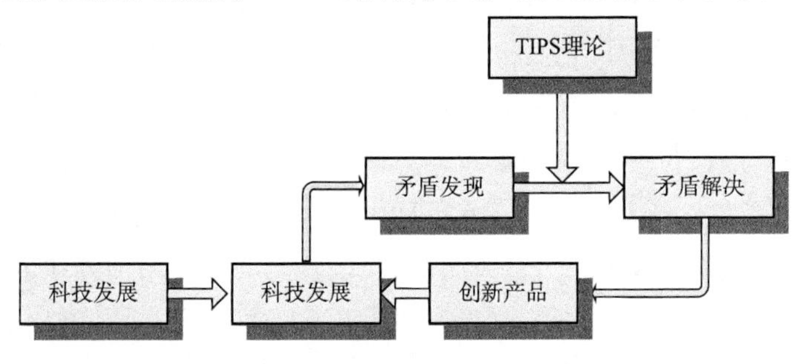

图 3.3　TIPS 矛盾解决与产品创新过程

陕西省某食品有限公司属于食品企业中技术较为领先的企业，工厂引进的食品机械也在国内属于领先水平。在对该公司进行实地调研中发现，部分食品机械的设计烦琐且不合理，如果设备在服役过程中出现故障，需反复拆卸其他零部件，维修或替换损坏的零部件非常不便，过程中易引起二次损坏或故障，导致维修成本上升，降低设备的使用年限。

利用再制造设计原理并结合 TIPS 原理，对两种食品机械进行创新设计。图 3.4 为一种食品扎孔机，该设备连接处均采用易拆卸结构，整个设计简单明了，便于零部件拆卸与替换，图 3.5 是对目前市场上的直线型洗瓶机进行创新设计，改变了传统洗瓶机结构复杂、零部件不易拆卸替换的弊端[90]。

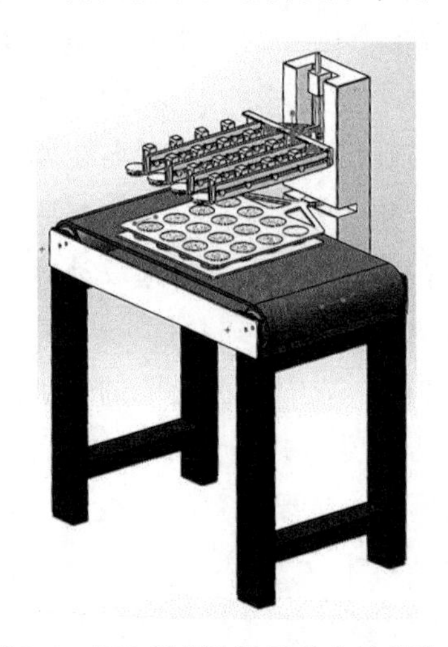

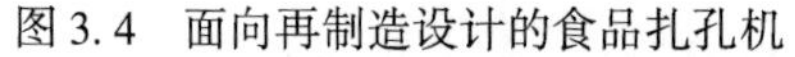

图 3.4　面向再制造设计的食品扎孔机

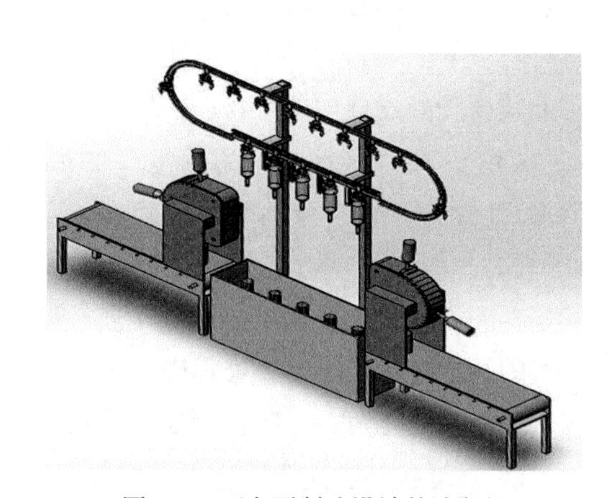

图 3.5　面向再制造设计的洗瓶机

洗瓶机零部件的设计同样采用了面向再制造原理，零部件在使用过程中更易拆卸。食品机械在生产过程中，容易被污染，因此机构设计更应多考虑安全卫生问题，设计应方便设备清理，同样需要有利于后期的维修与更换。

图 3.6 为设备刷盘结构，刷盘共 16 个正圆孔，孔上装有油刷，孔直径应略小于饼体直径，以传统月饼为例，直径为 5 ~ 8cm，经研究取月饼直径为 7cm，则刷孔直径设计为 6.7cm，0.3cm 的直径差可保证刷盘向上运动时不带走饼体。刷盘上的油刷与油刷孔采用螺纹旋接，方便清洗时油刷的拆卸，同样为油刷的替换提供了便利条件。刷盘可绕轴在水平面做 180°转动，运动范围可根据实际情况调整。装置两侧或者单侧放置食用油，每次刷盘运动至食用油处蘸取适量油进行刷油工作。

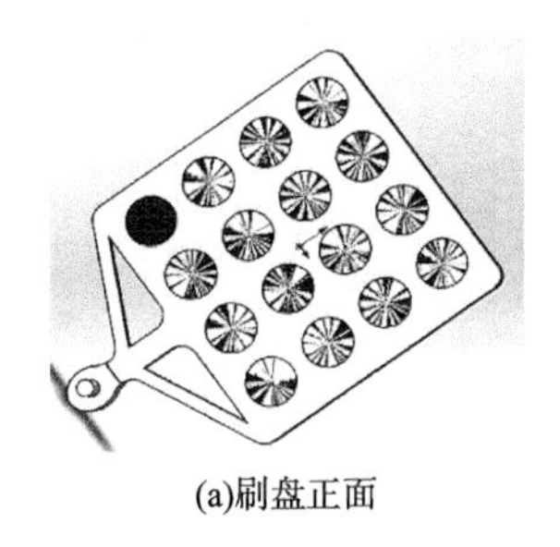
(a)刷盘正面

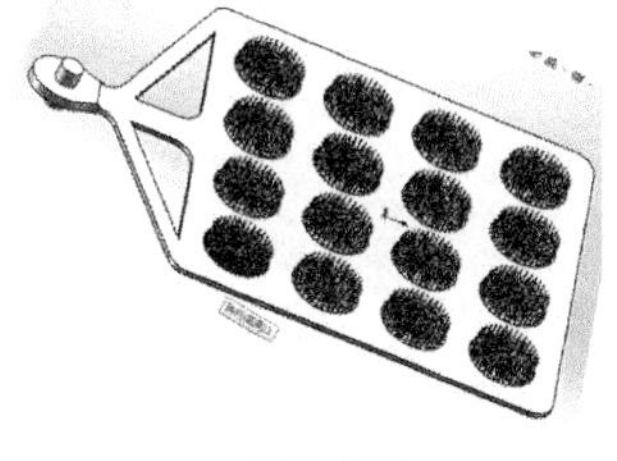
(b)刷盘背面

(c)刷盘轴侧

图 3.6　刷盘结构

图 3.7 所示为针盘结构，针的覆盖直径应等于或略小于刷盘上孔的直径，经研究取 6.6cm，以便针顺利进行扎孔作业。图 3.8 所示为食品轧空机的针盘结构，针盘同样使用螺纹连接固定于支架间隙中，该设计便于拆卸与位置调整。

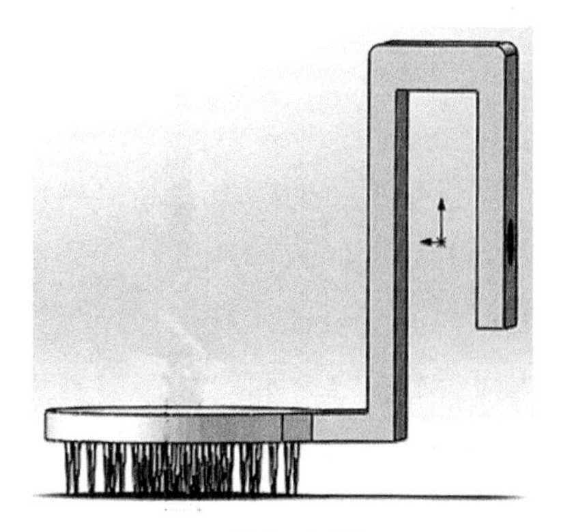
(a)针盘正视图

(b)针盘轴侧图

图 3.7　针盘结构

(a)针盘整体轴侧图1

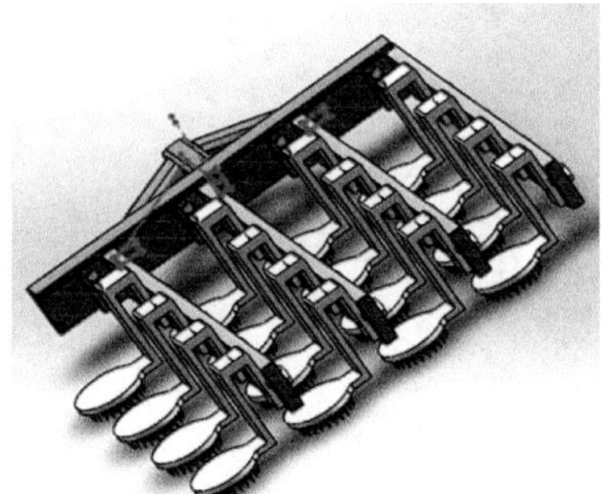
(b)针盘整体轴侧图2

图 3.8　针盘整体结构

图3.9与图3.10所示为支架与刷盘装配图，支架凹槽内使用凸轮结构，凸轮带动针盘做上下往复运动。

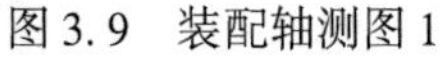

图3.9　装配轴测图1

图3.10　装配轴测图2

通过对面向再制造设计理论的分析，结合实际情况，对现有食品机械设备中存在的一些不合理结构，例如齿轮与换热结构，利用面向再制造设计理论进行改进设计，使其结构更加合理，便于拆卸，提升其再制造价值。利用该理论对月饼自动刷油扎孔机进行创新设计，将传统需要人工操作的工序自动化，设备连接处采用易拆卸结构，整体结构设计合理，再制造性强，提升企业效益的同时，使废旧设备最大限度地投入再制造循环使用，节约了更多资源。

图3.11～图3.17为洗瓶机的部分结构，结构设计均采用易拆卸结构，方便产品的后期拆卸与替换。

(a)毛刷三维图

(b)螺纹口毛刷

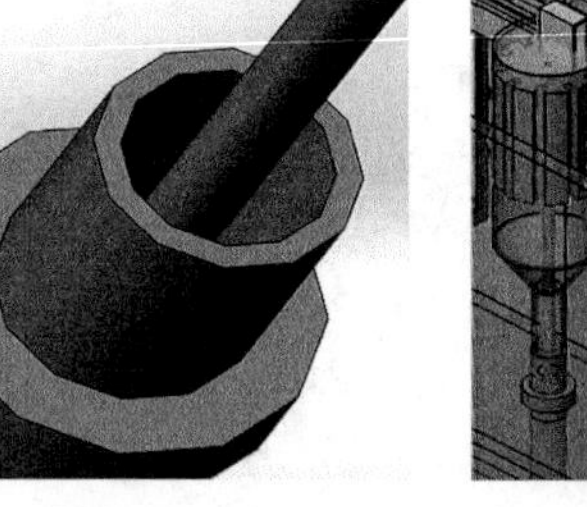

(c)毛刷整体与瓶身贴合图

图3.11　洗瓶机毛刷

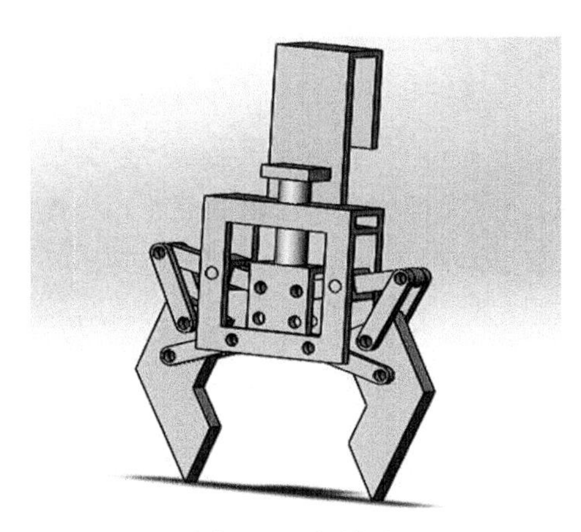

图 3.12 机械爪

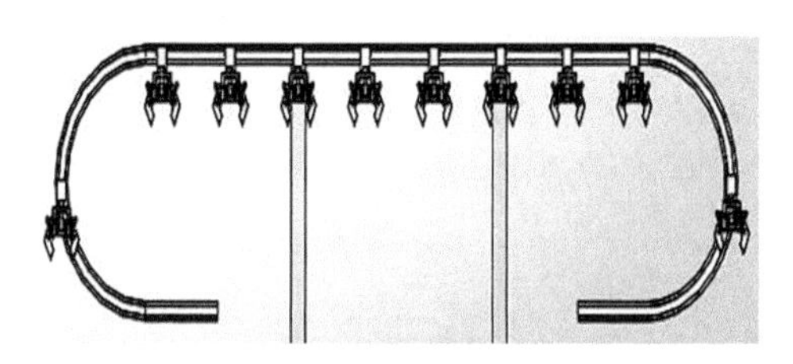

图 3.13 导轨

图 3.14 瓶夹安装图

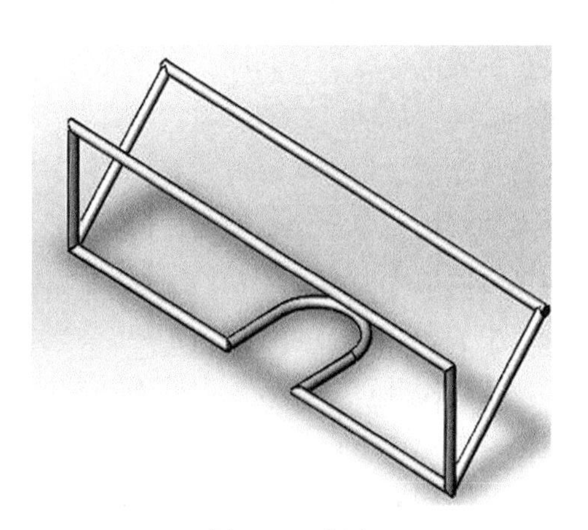

图 3.15 瓶夹

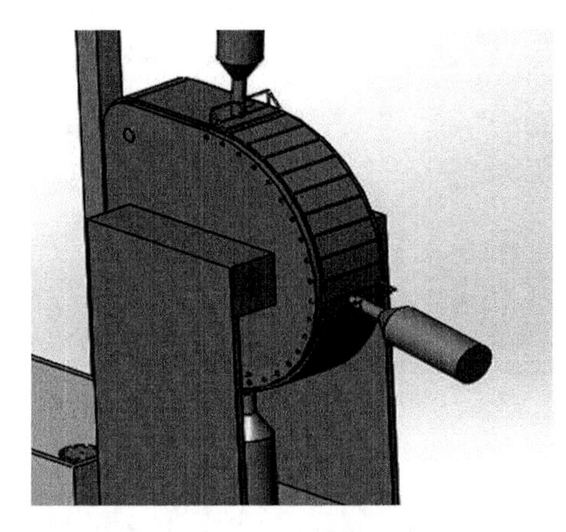

图 3.16 弧形传送带

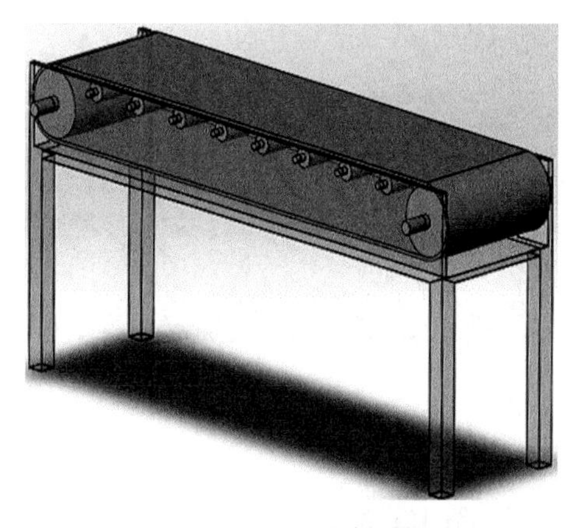

图 3.17 水平传送带

研究基于TIPS理论与绘图软件平台，探讨一种新的设计模型，产品的结构设计在满足了瓶子清洗的基础上进行了创新，针对螺纹口清洗进行创新性设计，设备结构紧凑，能很好地满足企业的生产需求与广大消费者的安全需求。设计解决了传统洗瓶机仅对瓶子整体清洗，而无法针对重点部位进行清洁的问题。与传统洗瓶机相比，螺纹口洗瓶机在设定合理的清洗时间与清洗力度基础上，对回收螺纹瓶瓶口处污垢的清洁度可达百分之百。设计不足之处在于无法一次性进行数量较大的清洗工作，如果将毛刷与导轨设计为联排或多排，可解决清洗数量的问题。

3.2.2 服役环境对产品最佳回收时域的影响

在食品机械的使用过程中，腐蚀常常是引发设备失效的一个重要因素。机械设备主要由金属材料制成，而食品加工过程中又常常接触酸、盐，以及其他对金属有腐蚀性的物质。预防与减少食品机械的腐蚀情况应选择耐腐蚀、无毒害、不会对人体造成伤害的材料，另外，还应对食品机械结构进行抗腐蚀设计，一些不合理的机构会导致设备无法均匀受热，零部件间隙、死角、槽孔等因素也会导致腐蚀范围扩大。常见的几种腐蚀情况有：均匀腐蚀、缝隙腐蚀和微生物腐蚀。

（1）均匀腐蚀

均匀腐蚀在食品机械中属于常见形式，表现为金属件整个表面或大面积发生均匀的电化学或化学反应，使金属面以均匀速度被腐蚀，宏观表现形式为金属变薄，如图3.18所示。在各种饮料生产线中，设备容易受到果汁、果酱等酸性溶液的溶解，在回收瓶清洗线中，瓶子的清洗往往需要使用碱性溶液对其消毒杀菌，设备易被碱性溶液腐蚀。如果腐蚀速度过快会导致金属部件提前报废，使食品机械提前结束服役，使回收时间提前[91]。

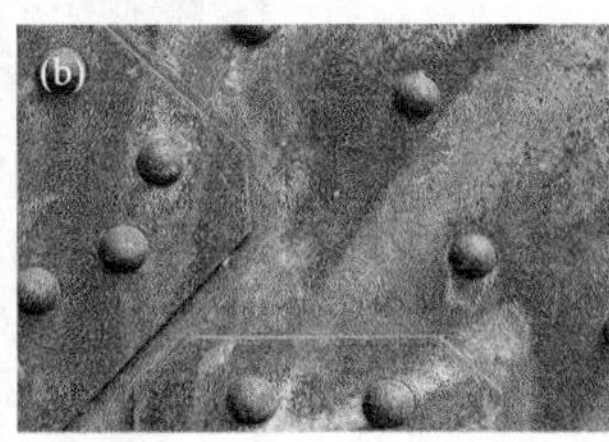

图3.18　均匀腐蚀

（2）缝隙腐蚀

缝隙内可以加速腐蚀，当金属零部件之间存在微小缝隙时，介质进入其中并且移动相对困难，导致介质滞留，加剧了金属的腐蚀进程，缝隙腐蚀如图 3.19 所示。

食品机械中不合理的设计与加工安装技术导致缝隙的产生。如螺母压紧面、底板与接触面、焊接气孔、堆积的污垢等因素易导致缝隙形成。为了避免缝隙腐蚀，应该在食品机械结构和装配技术上加以改进，对已经产生的缝隙进行技术处理与缝隙填塞，从而形成无缝结构[92]。

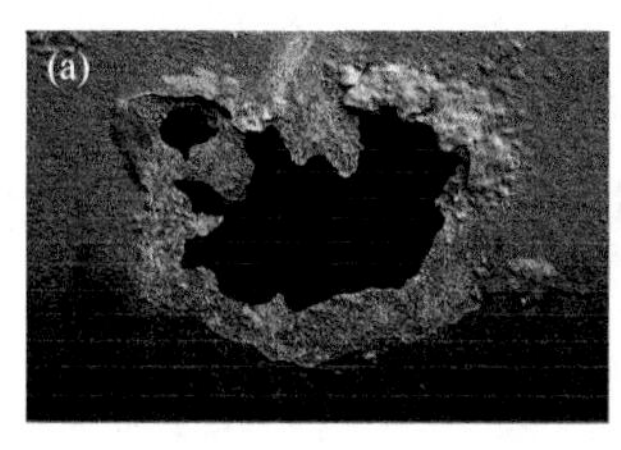

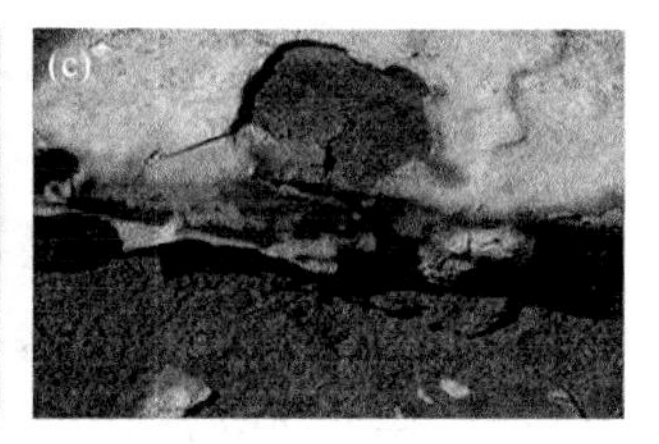

图 3.19　缝隙腐蚀

（3）微生物腐蚀

微生物引发的腐蚀在食品机械中也时常发生。如硫酸盐还原菌腐蚀钢后产生 FeS，在其表面形成黑色的麻点。而细菌的代谢产物又在一定程度上加速了腐蚀的速度，如图 3.20 所示。防止这类腐蚀的形成，应时常对食品机械进行清洗，及时去除残留在机械设备中的食物残渣，并对机械设备进行杀菌，破坏细菌赖以生存的环境[93]。

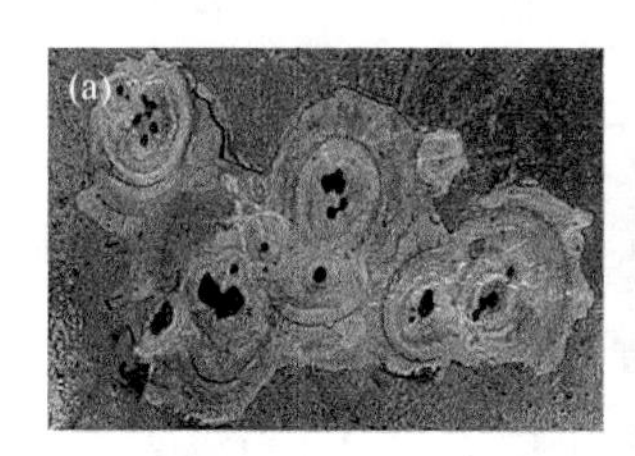

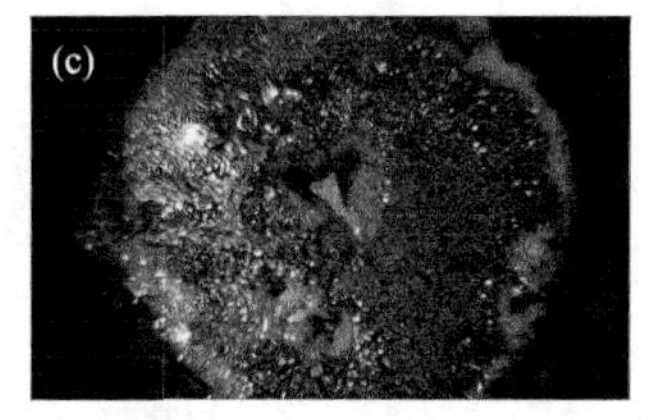

图 3.20　微生物腐蚀

食品机械设备的设计与制造过程中通常使用防腐蚀材料或者在金属表面喷涂抗腐蚀的材料来避免设备因腐蚀导致的提前失效。

环境对废旧品再制造回收时机的影响还包括产品在生产过程中周围环境的影响、废旧品在回收过程中周围环境的影响以及再制造过程中周围环境的影响。设置环境影响参数 G 。

G_{∂} 为产品在生产过程中周围环境影响；G_{β} 为产品服役过程中周围环境对回收时域的影响；G_{δ} 为废旧品在回收过程中周围环境的影响；G_{γ} 为废旧品在再制

造过程中周围环境的影响。环境综合影响可表示为：$G = G_\partial + G_\beta + G_\delta + G_\gamma$，因此环境因素对成本的影响可表示为：$\lambda G = \lambda (G_\partial + G_\beta + G_\delta + G_\gamma)$，$\lambda$ 为环境影响成本系数。

3.2.3 人工操作对产品最佳回收时域的影响

为了方便对人工操作的可靠性分析与研究，学者对人工操作可靠性做出如下定义：即在限定时间段内与给定条件下，操作者零差错地执行并完成给定任务的能力。

一般将可靠度作为可靠性定量指标。对人工操作的可靠度定义为：在限定时间段内，在给定条件下，操作者零差错执行并完成给定任务的概率。

将上述定义用数学公式进行描述：

$$R = (N_r/N_t) \times 100\%$$

式中 R——人操作可靠度；

N_t——执行操作次数；

N_r——没有差错地完成操作的次数。

$$E = (N_{rr}/N_t) \times 100\%$$

式中 E——人操作失误概率；

N_t——执行操作次数；

N_{rr}——失误次数；

可知 $R + E = 1$，且 $N_t = N_r + N_{rr}$。

显而易见，人的操作失误概率越大，人的操作可靠度越低。

为了提高人操作的可靠度，减少由于人工操作失误而引起的机械设备损坏甚至报废，应使操作者提前熟悉机械设备的操作流程与操作规范，对操作人员进行生产前操作培训，最大限度提高人操作的可靠度，延长设备服役年限[94]。

人工操作失误一次对再制造成本的增加系数为 ϕ，因此人工操作造成再制造增加的成本可表示为：$C_r = \phi N_{rr}$，即，再制造成本增加值 = 再制造成本增加系数 × 人工操作失误次数。

3.2.4 消费者意识对产品最佳回收时域的影响

在 SOMEJR 的回收模式中，消费者主动参与，约定在废旧品最佳回收时域时将废旧品主动送至指定收集点。在这种回收方式下，消费者的回收意识对废旧品的再制造成本有着至关重要的影响，如果消费者未能在指定时间将废旧品及时送至进行再制造处理，产品将继续服役，其性能随着时间的推移继续下降直至报废。

μ 为废旧品因延迟送回而产生的再制造成本增加系数；ρ 为浴盆曲线进入第三阶段之后的平均故障率；d 为消费者延迟送回废旧品的天数；C_y 为消费者延迟送回废旧品而使再制造增加的成本，$C_y = \mu \cdot (\rho \cdot d)$。

3.2.5　季节性对产品最佳回收时域影响

一些食品具有明显的季节性。例如冰激凌，在每年 6 ~ 8 三个月销售出现高峰期，每年 11 月或 12 月到次年 1 月或 2 月为销售淡季，当食品生产在销售淡季时对应的食品机械也处于停止或缓慢运行状态，在这段时间内，由于设备运行频率降低，相应的磨损、腐蚀、疲劳断裂等失效形式也变得缓慢，季节性会对废旧品的回收时域产生影响。因此，应将季节性这一影响因素考虑进废旧品最佳回收时域预测中。

旺季对食品机械的回收时域也会产生一定影响，这种影响是消极的，旺季生产强度加大，会导致机械设备故障率上升，加速出现磨损、腐蚀、疲劳断裂等失效形式。

淡季时，对废旧品回收时域影响因子为 ξ；旺季时，对废旧品回收时域影响因子为 ω，t 为废旧品的最佳回收时域。对废旧品回收时域产生的影响为：$\xi \cdot \omega \cdot t$。

3.3　废旧品最佳回收时机决策模型优化研究

3.3.1　最佳回收时机

机械设备在服役过程中的故障与失效无法避免，设备在服役前期出现的故障可采取维修策略对其功能进行修复，但在设备服役后期，由于积年累月的腐蚀、磨损、疲劳断裂等失效作用的重重累加，使设备的故障与失效率逐年提高，维修次数和维修费用不断攀升。然而，频繁的维修并不能对废旧品性能有效扭转，因此，在面向服务的多企业联合再制造模式中提出，应在设备失效前对废旧品回收并进行再制造。

设备服役过程中故障率并非稳定不变，存在初始故障段、偶发故障段与损耗故障段，曲线形状类似“浴盆”，被称作“浴盆曲线”，如图3.21所示。设备在进厂使用初期需调试，该阶段称为设备磨合期（就电子产品而言，该阶段又称为老化阶段），该时期由于机械零部件的配合、齿轮啮合、间隙或是渐开线之间存在误差，会导致运行故障。该阶段，虽然存在较高的故障率，但维修成本低廉，极易被修复。不同的机械设备所要经历的磨合期时间长短不一致，可能为数天、数月，甚至更长时间。

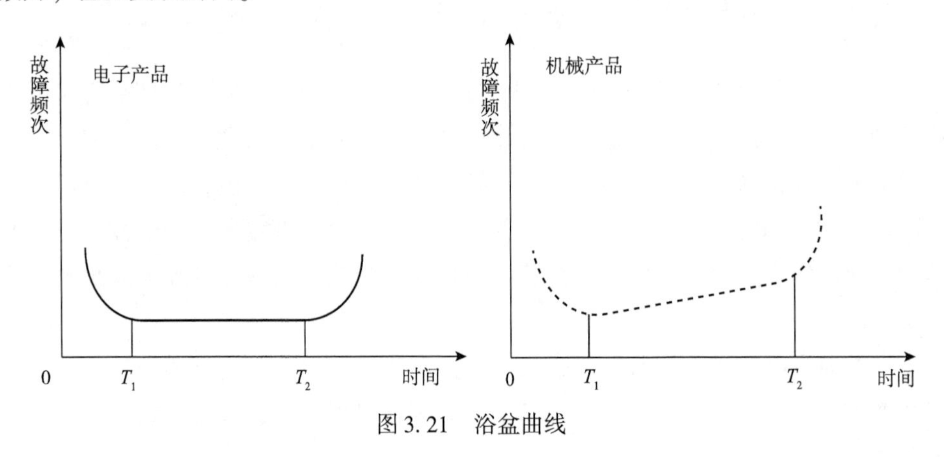

图3.21　浴盆曲线

在磨合期结束后设备运行相对稳定，故障率显著下降亦出现一定规律，该阶段被称为故障偶发阶段。这时设备故障多以两种情况出现：一类带有规律与周期性；另一类则呈现出随机性，没有明显的规律可循，发生位置同样不确定。上述情况与设计方案、工艺、原材料和服役环境、维护水平等因素有关。处于故障偶发期的设备失效通常由于人员操作不规范引起，维修成本也比较低廉。

在设备服役5~8年之后将出现明显的老化与劣化趋势，这个阶段即设备的损耗阶段。对于机械设备而言，其总成、部件和零件均出现磨损、变形以及应力裂纹等现象，这些情况最终导致了设备配合间隙过大、松动、振动、精度下降、机体开裂等。这些均为设备最终丧失性能的元凶。浴盆曲线损耗期，故障频繁发生，此阶段维修成本较高。现对模型做出以下假设。

（1）当浴盆曲线进入第三阶段损耗期时，设备性能急剧下降。根据以上分析，文章中决策模型不涉及设备在浴盆曲线第一阶段与第二阶段的维修成本，主要考虑第三阶段设备的维修成本[95]。

（2）依据历史经验值，可假设在曲线第三阶段期望维修成本一定。

（3）在“浴盆曲线”进入第三阶段，设备性能随着服役时间的增加显著下降。机械设备再制造可以使再制造品品质等同或者超过新品。但要想达到这个目的，产品性越低的废旧设备所要投入的再制造成本越高，即随着产品性能的降低，再制造投入成本呈现上升趋势，假定再制造成本服从指数分布。

（4）该模型不考虑设备的时间价值。

3.3.2 建立最佳回收时机模型

（1）模型及符号说明

模型仅仅考虑“浴盆曲线”进入损耗期后的维修成本，此外，设备的初始价值与用于设备再制造修复的成本是设备在寿命周期内服役成本的重点组成，因此，建立如图 3.22 所示的决策模型。

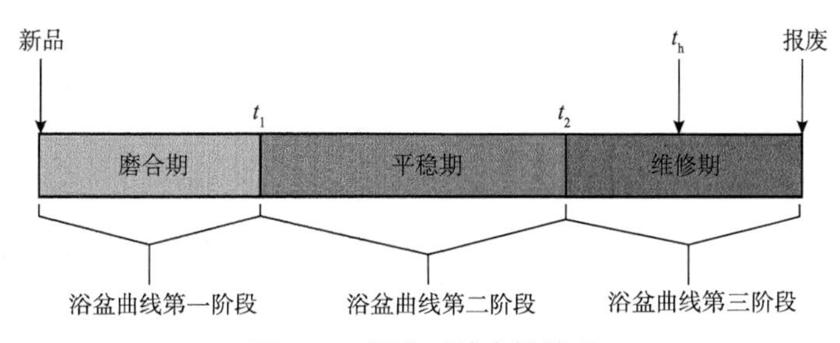

图 3.22 回收时域决策模型

对所建数学模型中出现的符号进行说明：

G_∂——产品在生产过程中周围环境影响；

G_β——产品服役过程中周围环境对回收时域的影响；

G_δ——废旧品在回收过程中周围环境的影响；

G_γ——废旧品在再制造过程中周围环境的影响；

λ——环境影响成本系数；

$\lambda G=\lambda(G_\partial+G_\beta+G_\delta+G_\gamma)$——环境因素对再制造成本的影响；

ϕ——人工操作失误一次对再制造成本的增加系数；

N_{rr}——人工操作失误次数；

$C_r=\phi\cdot N_{rr}$——人工操作对再制造造成成本增加；

μ——废旧品因延迟送回而产生的再制造成本增加系数；

ρ——浴盆曲线进入第三阶段之后的平均故障率；

d——消费者延迟送回废旧品的天数；

$C_y=\mu\cdot(\rho\cdot d)$——消费者延迟送回废旧品而产生的再制造增加成本；

ξ——淡季时，废旧品回收时域影响因子；

ω——旺季时，废旧品回收时域影响因子；

$\xi \cdot \omega \cdot t$——季节性对废旧品回收时域产生的总体影响；

C_s——设备在面向再制造设计下节省的成本；

C_c——设备在合理选材情况下节省的成本；

C_0——设备的原始价值；

C'_0——设备的优化选价值；

C_r——再制造成本系数；

C_m——维修成本期望值；

$N(t)$——累计失效次数；

$C(t_h)$——优化目标；

δ——设备操作人员操作水平提升后使产品服役时间延长系数；

δ_1——面向再制造设计后产品服役时间延长系数；

t_h——决策变量，即进行设备回收的最佳时机点；

$(\delta+\delta_1)\ t_h$——决策变量，即进行设备操作人员操作水平提升后使产品服役时间延长后，回收的最佳时机点；

t_2——浴盆曲线的第三阶段起点，其中 $t_h > t_2$；

$C'_0 = C_0 - (C_s + C_c)$——产品经再制造设计，与选材后的优化价值；

$C_r \exp[(\delta+\delta_1)\xi \cdot \omega \cdot t_h/(\xi \cdot \omega \cdot t_2) - 1]$——决策变量 t_h 这点，即再制造回收最佳时机点的再制造成本；

$\{N[(\delta+\delta_1)\xi \cdot \omega \cdot t_h] - N(\xi \cdot \omega \cdot t_2)\}$——在设备进入“浴盆曲线”的第三阶段起，直到到达最佳回收时间的这段时域中的累计失效次数；

$C_m\{N[(\delta+\delta_1)\xi \cdot \omega \cdot t_h] - N(\xi \cdot \omega \cdot t_2)\}$——设备在进入“浴盆曲线”的第三阶段起，直到到达最佳回收时间的这段时域中的累计维修成本。

将设备在全寿命周期内单位服役时间的最小值作为优化目标，用 $C[(\delta+\delta_1)\xi \cdot \omega \cdot t_h]$ 表示，则：

$$\min C[(\delta+\delta_1)\xi \cdot \omega \cdot t_h] = \frac{C'_0 + C_r \exp\left[\dfrac{(\delta+\delta_1)\xi \cdot \omega \cdot t_h}{\xi \cdot \omega \cdot t_2} - 1\right] + \lambda(G_\partial + G_\beta + G_\delta + G_\gamma) + \phi \cdot N_{rr} + \mu \cdot (\rho \cdot d)}{(\delta+\delta_1)\xi \cdot \omega \cdot t_h} + \frac{C_m\{N[(\delta+\delta_1)\xi \cdot \omega \cdot t_h] - N(\xi \cdot \omega \cdot t_2)\}}{(\delta+\delta_1)\xi \cdot \omega \cdot t_h} \tag{3.1}$$

$$N(t) = \int_0^t h(t)\,\mathrm{d}t \tag{3.2}$$

$h(t)$表示机设备失效概率，通过威布尔对采集到的失效数据拟合得到。

（2）可靠性分析

可靠性作为衡量设备或零部件质量指标具有时间属性，是设备在限定的时间内完成规定功能的能力。它由设备设计方案、制造工艺、使用以及后期维护等多重因素共同决定。各个可靠性数量指标被称作可靠性特征量，其真值仅表达理论值而实际值未知。对样本进行观测取值，利用统计分析法得出特征值真值的估计量。依照一定标准给出具体定义，根据公式推算得来的特征值的估计值作为特征值的观测值[96]。

对数分布与威布尔分布等通常作为对设备可靠性进行统计的分布。指数分布适用于电子产品。疲劳寿命分析通常使用对数或正态分布，威布尔分布主要适用于机械与机电产品。设备可靠度、失效率和平均维修时间时段等指标通常用作可靠性的评价[97]。

3.3.3 算法求解

威布尔分布（Weibull distribution）是进行可靠性分析的基础。可靠性分析重点在于寻求可以准确体现设备失效原理和失效数据的分析结果和失效分布规律。实践中，研究者常常将失效与故障数据以某种分布形式表现，之后运用这些数据来确定各个分布参数，最后进行可估性评价及预测。威布尔属于连续型概率分布，两参数与三参数是它的主要形式[98]。

三参数威布尔分布，T 表示一个随机变量概率密度函数为：

$$f(t)=\frac{\beta}{\eta}\left(\frac{t-\gamma}{\eta}\right)^{\beta-1}\exp\left[-\left(\frac{t-\gamma}{\eta}\right)\right]^{\beta}\quad t\geqslant\gamma \tag{3.3}$$

累计失效概率函数：

$$F(t)=P(T<t)=1-\exp\left[-\left(\frac{t-\gamma}{\eta}\right)\right]^{\beta}\quad t\geqslant\gamma \tag{3.4}$$

式中，β 为形状参数，$\beta>0$；γ 为位置参数，$\gamma>0$；η 为尺度参数，$\eta>0$。

图 3.23 为形状参数取不同值情况下 $f(t)$的不同表现形式。当 $\gamma=0$，$\eta=1$ 时，β 对威布尔分布概率密度函数曲线形状的影响。由图中可以看出，当 $\beta>1$ 时，概率密度分布形状呈现山峰状，并且峰值随着 β 取值的增大而升高；当 $\beta=1$ 时，概率密度函数类似指数分布；当 β 取值 3.25，η 值为 1，γ 值为 0，$f(t)$分布曲线接近正态分布[99]。η 尺度参数并不改变概率密度曲线的形状，仅仅起缩放横坐标的作用。γ 位置参数可以使分布曲线的起点发生改变，在 $t=\gamma$ 时刻，设

备不发生故障与失效。当 $\gamma=0$ 时为两参数威布尔分布[100,101]。图 3.24 为威布尔分布曲线与正态分布曲线对比图。

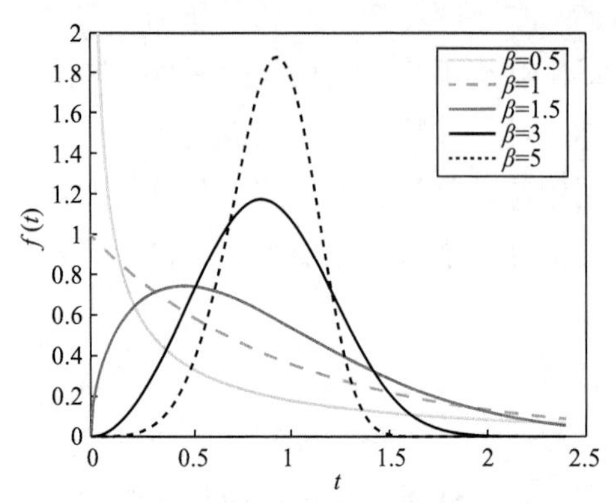

图 3.23 β 不同取值下的威布尔分布图

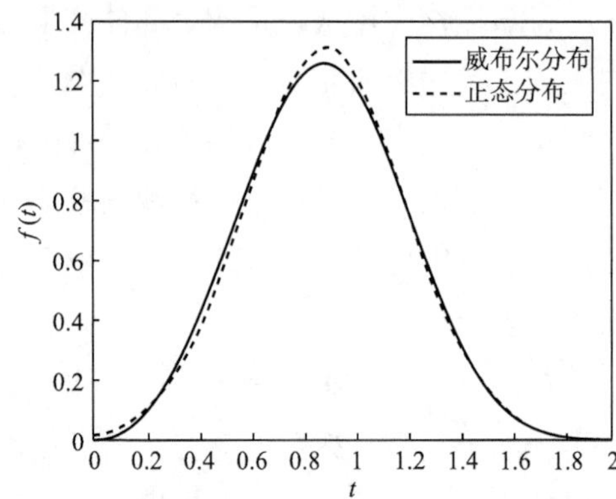

图 3.24 威布尔分布与正态曲线的对比图

失效概率形式因形状参数取值不同而变化，因此不同时期“浴盆曲线”可以由威布尔分布来拟合。表 3.1 为形状参数 β 取值不同情况下设备故障形式[8]。

表 3.1 形状参数的不同对设备失效表现形式的影响

β	类型	表现形式
<1	早期故障	故障率较高，随着磨合期的推移下降，故障多由设备质量存在缺陷，或人工装配、操作失误导致等
=1	偶发故障	故障率相对稳定，偶发故障多由于人员操作失误引起
>1	损耗期	故障率上升，零部件失效、锈蚀、损坏、疲劳断裂等情况频繁出现

可靠度是指定时间与条件下设备正常行使指定功能的概率 R，R 为时间 t 的函数 $R(t)$，即可靠度函数。设备从开始运行直到出现故障和失效的情况的时间用随机变量 T 来表示[102]。某设备使用期限服从三参数威布尔分布时，则设备在 t 时刻可靠度表达公式：

$$R(t) = P(T > t) = \int_t^{\infty} f(t) = \exp\left[-\left(\frac{t-\gamma}{\eta}\right)^{\beta}\right] \tag{3.5}$$

其中 $t>\gamma$。式（3.5）中 $f(t)$ 代表威布尔分布的概率密度函数。在 $t=\gamma+\eta$ 时刻，

$$R(t) = \exp(-1)^{\beta} = 0.3679 \tag{3.6}$$

则 $\gamma+\eta$ 表示设备的特征生命值。

当 $\gamma=0$ 时，式（3.6）可简化为：

$$R(t)=P(T>t)=\int_{t}^{\infty}f(t)\mathrm{d}t=\exp\left[-\left(\frac{t}{\eta}\right)^{\beta}\right]\quad t\geqslant 0 \tag{3.7}$$

由式（3.5）与式（3.6）分析得知，随着设备使用时间的增长，其可靠度随之降低。

设备或者零部件在某时刻 t 仍然处于运行状态，它在$(t,\ t+\Delta t)$的时间段内失效概率表达式为：

$$P[t<T<(t+\Delta t)]=\frac{P[t<T<(t+\Delta t)]}{P(T>t)}=\frac{F(t+\Delta t)-F(t)}{R(t)} \tag{3.8}$$

将式（3.8）两边同时除以 Δt，令 $\Delta t\to 0$，并取极限，则时刻 t 还处于服役期内的设备，在 t 时刻之后失效的概率记为 $h(t)$，$h(t)$被称作失效概率函数[103]。

$$h(t)=\lim_{\Delta t\to 0}\frac{F(t+\Delta t)-F(t)}{\Delta t}\cdot\frac{1}{R(t)}=\frac{F'(t)}{R(t)}=\frac{f(t)}{R(t)} \tag{3.9}$$

失效概率函数表达式：

$$h(t)=\frac{f(t)}{R(t)}=\frac{\beta}{\gamma}\left(\frac{t-\gamma}{\eta}\right)^{\beta-1}\quad t\geqslant\gamma \tag{3.10}$$

当 $\gamma=0$ 时，式（3.10）可简化为：

$$h(t)=\frac{f(t)}{R(t)}=\frac{\beta}{\eta}\left(\frac{t}{\eta}\right)^{\beta-1}\quad t\geqslant\gamma \tag{3.11}$$

由式（3.10）与式（3.11）分析得知，在 $\beta<1$ 时，设备失效率呈现递减趋势，可用于早期失效；在 $\beta=1$ 时，设备失效率为定值，可用于随机失效；当 $\beta>1$ 时，设备失效率递增可用于设备进入“浴盆曲线”第三段失效建模，威布尔分布更加灵活[104]。

累积失效概率通常被称为不可靠度，指设备在规定时间条件下无法执行规定功能的概率 F，$F(t)$是时间 t 的函数，即累积失效概率函数也可称为不可靠度函数。它与可靠度函数互为对立事件，依据概率互补定律得：

$$F(t)=1-R(t) \tag{3.12}$$

累积失效概率函数：

$$F(t)=\int_{0}^{t}f(t)\mathrm{d}t=1-\exp\left[-\left(\frac{t-\gamma}{\eta}\right)^{\beta}\right]\quad t\geqslant\gamma \tag{3.13}$$

对样本数据由小到大按序排列：

$$t_1\leqslant t_2\leqslant t_3\leqslant\cdots\leqslant t_n$$

经过大量实验证明，如果样本较小可依据平均秩和中位秩如下方法计算：

$$\tilde{F}(t_i)=\frac{i}{n+1}\quad(i=1,\ 2,\ \cdots,\ n) \tag{3.14}$$

$$\tilde{F}(t_i)=\frac{i-0.3}{n+0.4}\quad(i=1,\ 2,\ \cdots,\ n)\tag{3.15}$$

如果样本足够大，可根据公式（3.16）计算：

$$\tilde{F}(t_i)=\frac{i}{n}\ (i=1,\ 2,\ \cdots,\ n)\tag{3.16}$$

对于任何产品，累计失效概率的观测值能通过概率互补得到：

$$\tilde{F}(t)=1-\tilde{R}(t)\tag{3.17}$$

本章选用可靠度与失效率来分析设备服役情况，并使用威布尔分布表达失效率函数[105]。最佳回收时机求解步骤如图3.25所示，其中 t_h 代表满足可靠度前提下的再制造时机。$t_h<t_2$ 时，t_h 为最佳再制造时机。

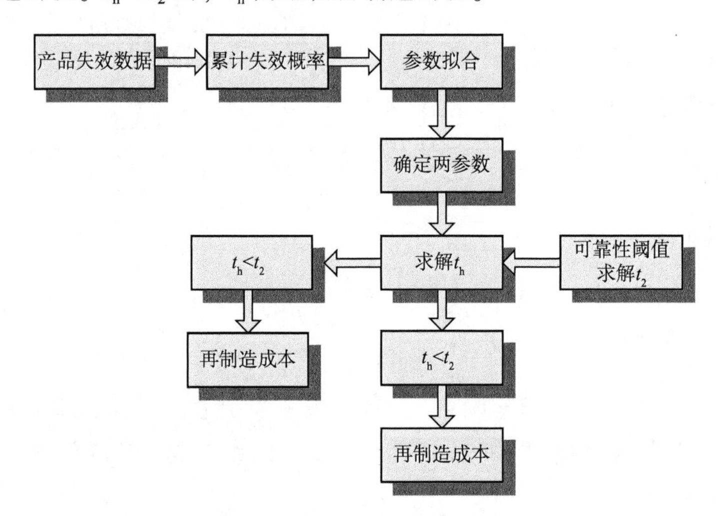

图3.25　回收时机求解步骤

γ 自身对曲线形状不产生影响，并且三参总体结构相对复杂，估计过程烦琐，因此，实际应用中通常使用两参数威布尔分布，相关表达式如下：

概率密度函数：

$$f(t)=\frac{\beta}{\eta}\left(\frac{t}{\eta}\right)^{\beta-1}\exp\left[-\left(\frac{t}{\eta}\right)\right]^{\beta}\tag{3.18}$$

累计失效分布函数：

$$F(t)=\int_0^t f(t)\mathrm{d}t=1-\exp\left[-\left(\frac{t}{\eta}\right)^{\beta}\right]\tag{3.19}$$

$$F(t)=\int_0^t f(t)\mathrm{d}t=1-\exp\left[-\left(\frac{t}{\eta}\right)^{\beta}\right]$$

故障率函数表达式：

$$h(t)=\frac{f(t)}{1-F(t)}=\frac{\beta}{\eta}\left(\frac{t}{\eta}\right)^{\beta-1} \tag{3.20}$$

将式（3.19）代入式（3.2）: $N(t)=\int_0^t \frac{\beta}{\eta}\left(\frac{t}{\eta}\right)^{\beta-1}\mathrm{d}t$，再将 $N(t)$ 的表达式代入式（3.1）中得：

$$\min C[(\delta+\delta_1)\xi\cdot\omega\cdot t_h]=\frac{C'_0+C_r\exp\left[\frac{(\delta+\delta_1)\xi\cdot\omega\cdot t_h}{\xi\cdot\omega\cdot t_2}-1\right]+\lambda(G_\partial+G_\beta+G_\delta+G_\gamma)+\phi N_{tr}+\mu\cdot(\rho\cdot d)}{(\delta+\delta_1)\xi\cdot\omega\cdot t_h}$$
$$+\frac{C_m\left[\int_0^{(\delta+\delta_1)\xi\cdot\omega\cdot t_h}\frac{\beta}{\eta}\left(\frac{t}{\eta}\right)^{\beta-1}\mathrm{d}t-\int_0^{\xi\cdot\omega\cdot t_2}\frac{\beta}{\eta}\left(\frac{t}{\eta}\right)^{\beta-1}\mathrm{d}t\right]}{(\delta+\delta_1)\xi\cdot\omega\cdot t_h}$$

目前，常用的参数估计法为：最小二乘法、极大似然估计法、等效威布尔法、矩估计法等。其中最小二乘法计算过程简洁，能够达到较高的拟合精度完成数据的线性化处理，因此本章选取最小二乘法进行参数估计[105,106]。

参数精确程度受设备累积失效概率估计的影响。累积失效概率估计将故障时间分布用公式解出各故障点的累计失效分布函数。将设备的故障数值由小及大排列后所得的故障序列为(t_1，t_2，t_3，…，t_n)。累计失效分布函数有平均秩法和中位秩法两种估计方法[107,108]。本章采用中位秩法。对 t_i 时刻的累积失效分布函数值估算：

$$\tilde{F}(t_i)=\frac{i-0.3}{n+0.4} \tag{3.21}$$

式中 i——失效次序；

n——样本大小。

最小二乘法对三参威布尔参数值估计，首先获得累计失效分布函数表达式，计算过程如下所示：

$$F(t)=\int_0^t f(t)\mathrm{d}t=1-\exp\left[-\left(\frac{t-\gamma}{\eta}\right)^{\beta}\right]\quad t\geqslant\gamma \tag{3.22}$$

对式（3.22）进行整理，两边进行两次取对数得到：

$$\ln\ln\frac{1}{1-F(t)}=\ln\beta(t-\gamma)-\beta\ln\eta \tag{3.23}$$

令 $y=\ln\ln\frac{1}{1-F(t)}$；$x=\ln(t-\gamma)$；$\partial=\beta$；$c=\beta\ln\eta$

那么式（3.22）可以简化为一条直线方程的形式：

$$y=\partial x+c \tag{3.24}$$

该样本 n 中，寿命时间为 $t_1\leqslant t_2\leqslant t_3\leqslant\cdots\leqslant t_n$，累积失效概率为：$F(t_1)\leqslant F$

$(t_2) \leqslant F(t_3) \leqslant \cdots \leqslant F(t_n)$。

令 $y_i = \ln\ln \frac{1}{[1-F(t_i)]}$，$x_i = \ln(t_i - \gamma)$，$i=1$，2，3，…，$n$。$\bar{x} = \frac{1}{n}\sum_{i=1}^{n} x_i$，$\bar{y} = \frac{1}{n}\sum_{i=1}^{n} y_i$ 使用最小二乘法，解得参数 $\tilde{\beta}$ 与 $\tilde{\eta}$：

$$\begin{cases} \tilde{\beta} = \dfrac{\sum_{i=1}^{\gamma} x_i y_i - \gamma \bar{x} \cdot \bar{y}}{\sum_{i=1}^{\gamma} x_i^2 - \gamma \overline{x^2}} \\ \tilde{\eta} = \exp\left(-\dfrac{\bar{y} - \tilde{\beta}\bar{x}}{\tilde{\beta}} \right) \end{cases} \quad t \geqslant \gamma \tag{3.25}$$

x，y 之间相关系数 $R(x, y)$：

$$R(x,y) = \frac{\sum_{i=1}^{\gamma} x_i y_i - \gamma \bar{x} \cdot \bar{y}}{\sqrt{\left(\sum_{i=1}^{\gamma} x_i^2 - \gamma \overline{x^2}\right)\left(\sum_{i=1}^{\gamma} y_i^2 - \gamma \overline{y^2}\right)}} \tag{3.26}$$

这里 $R(x, y)$是参数 γ 的函数，使 $R(x, y)$值最大的 γ 即是位置参数估计值 $\tilde{\gamma}$。为求得 $R(x, y)$最大值，对式（3.5）进行求导，整理后得：

$$\left(\sum_{i=1}^{\gamma} x_i^2 - \gamma \overline{x^2}\right) \sum_{i=1}^{\gamma} \frac{\bar{y} - y_i}{t_i - \gamma} - \sum_{i=1}^{\gamma} (x_i y_i - \gamma \bar{x} \cdot \bar{y}) \sum_{i=1}^{\gamma} \frac{\bar{x} - x_i}{t_i - \gamma} = 0 \tag{3.27}$$

式（3.26）所求得的解即为位置参数 γ。

最后，利用上文中求得的三个参数，得到失效率分布函数，再结合式（3.1）与式（3.2），求得再制造最佳时机的解[107]。对简化后的两参威布尔分布中两参数估计。

可靠度表达式为：

$$R(t) = \exp\left(-\frac{t}{\eta}\right)^{\beta} \tag{3.28}$$

失效率与可靠度的关系表达式为：

$$1 - F(t) = R(t) \tag{3.29}$$

将式（3.29）代入式（3.28）后对式子两边取对数后得到一条直线方程：

$$\frac{1}{1-F(t)} = \exp\left(\frac{t}{\eta}\right)^{\beta} \tag{3.30}$$

两边取两次对数：

$$\ln\ln\frac{1}{1-F(t)}=\beta\ln t-\beta\ln\eta \tag{3.31}$$

令
$$\begin{cases}y=\ln\ln\left[\frac{1}{1-F(t)}\right]\\x=\ln t\\u=\beta\\m=-\beta\ln\eta\end{cases} \tag{3.32}$$

式（3.13）变成 $y=ux+m$ 的形式，最小二乘法对参数估计是让待求解拟合函数值和实际数值间误差的平方和的值最小，获取数值的最优匹配[108]，其中 u，m 通过式（3.33）得到。

$$\begin{cases}u=\dfrac{n\sum_{i=1}^{n}x_iy_i-\sum_{i=1}^{n}x_i\sum_{i=1}^{n}y_i}{n\sum_{i=1}^{n}x_i^2-\left(\sum_{i=1}^{n}x_i\right)^2}\\m=\dfrac{1}{n}\sum_{i=1}^{n}y_i-\dfrac{u}{n}\sum_{i=1}^{n}x_i\end{cases} \tag{3.33}$$

联立式（3.13）求出两参数值，得到失效率分布函数，联立式（3.1）、式（3.2）求解再制造最佳时域。

3.3.4 实例分析与验证

本文选取直线型洗瓶机作为研究对象[109]，选用洗瓶机关键零部件再制造时机作为整体设备的再制造时机，其中发动机是洗瓶机的动力源，因此选取发动机的再制造时机作为洗瓶机整体再制造时机进行研究。本章所使用的数据来源于2011年宝鸡啤酒厂进行实地调研时采集的直线型洗瓶机相关数据[109]。表3.2为传统直线型洗瓶机发动机的失效数据。传统直线型洗瓶价格约为35000元，假定再制造的成本系数是12300元，在直线型洗瓶机进入“浴盆曲线”第三阶段后维修成本期望值为3200元，面向再制造设计与选材对设备优化的成本分别为2800元与1800元。

G_∂：产品在生产过程中周围环境影响为2.1；G_β：产品服役过程中周围环境对回收时域的影响为3.31；G_δ：废旧品在回收过程中周围环境的影响为1.6；G_γ：废旧品在再制造过程中周围环境的影响为2.8；λ：环境影响成本系数为800元；λ^*：环境影响改善使产品服役延长的时间系数为2.32；δ_1：设备面向再制造设计后使产品服役时间延长系数为1.1；ϕ：人工操作失误一次对再制造成本

的增加系数为 400 元；N_{rr}：人工操作失误次数为 8 次；μ：废旧品因延迟送回而产生的再制造成本增加系数为 600 元；ρ：浴盆曲线进入第三阶段之后的平均故障率为 0.78；d：消费者延迟送回废旧品的天数，假设为 20d；ξ：淡季时对废旧品回收时域影响因子为 1.3；ω：旺季时对废旧品回收时域影响因子为 0.6；C_s：设备在面向再制造设计下节省的成本 2800 元；C_c：设备在合理选材情况下节省的成本为 1800；C_0：设备的原始价值 35000 元；C'_0：设备的优化设计减少再制造成本为 3000 元；δ：设备操作人员操作水平提升后使产品服役时间延长系数为 1.6。

表 3.2　直线型洗瓶机的失效数据

序号	运行时间/（t/h）	累积概率 $F(t)$	$x=\ln t$	$y=\ln\ln\frac{1}{1-F(t)}$
1	8803	0.0461	9.0828	-3.0534
2	9730	0.0490	9.1829	-2.9763
3	10802	0.5377	9.2874	-2.8968
4	11710	0.0589	9.3674	-2.8017
5	12531	0.1031	9.4359	-2.2181
6	13429	0.1801	9.5051	-1.616
7	13982	0.2009	9.5545	-1.4949
8	14562	0.2781	9.5861	-1.1212
9	15321	0.3412	9.6369	-0.8738
10	16008	0.3987	9.6808	-0.6759
11	17812	0.4621	9.7876	-0.4779
12	18321	0.5341	9.8158	-0.2694
13	18981	0.5921	9.8511	-0.1090
14	19302	0.6451	9.8679	0.0353
15	19936	0.6899	9.9002	0.1577
16	21312	0.7891	9.9670	0.4424
17	22031	0.8903	10.000	0.7930
18	23321	0.9541	10.057	1.1253

根据上文所列举的数据，利用最小二乘法解得形状和尺度参数 $\beta=4.609$、$\eta=19139$、$t_2=14095$，即浴盆曲线进入第三阶段的时间。将 β、η 以及再制造成本、维修成本等一系列数据代入所建立的数学模型中，得到优化目标值随着设备

服役时间变化而得到的值不同，对 u 与 m 值进行拟合，拟合曲线图如 3.26 所示。求得洗瓶机再制造的最佳回收时间约为服役 14632h 后。假设平均每年运行 316 天，每日运行 7.6h，则直线型洗瓶机在运行 6.041 年之后回收再制造较为合适。

经求解发现，设备进入故障期，第三阶段之后对其进行一次维修，再进行再制造效果最佳。由于设备服役时间越长，维修困难程度随之增加，维修成本也越高，因此采用再制造策略取代大修较为合适。此外，当设备达到最佳再制造时机对设备进行再制造的费用约为 17502 元。如果在这点可靠度下洗瓶机满足对设备可靠度的要求，则模型的解是洗瓶机的最佳再制造时机，如不满足可靠度要求需降低经济效益来满足可靠度要求。

企业可依据上述结果灵活安排废旧品的送回时间。对于非季节性废旧产品，在保证企业连续生产的前提下，在最佳回收时机附近选择适当时间将废旧产品送回再制造；对于季节性产品，企业可根据最佳回收时机提前安排回收时间，在生产淡季时将废旧品送回进行再制造。对废旧品最佳回收时机的预测可以帮助企业在不耽误生产的同时灵活安排回收再制造时间。图 3.27 所示为产品再制造时机与对应的再制造成本。

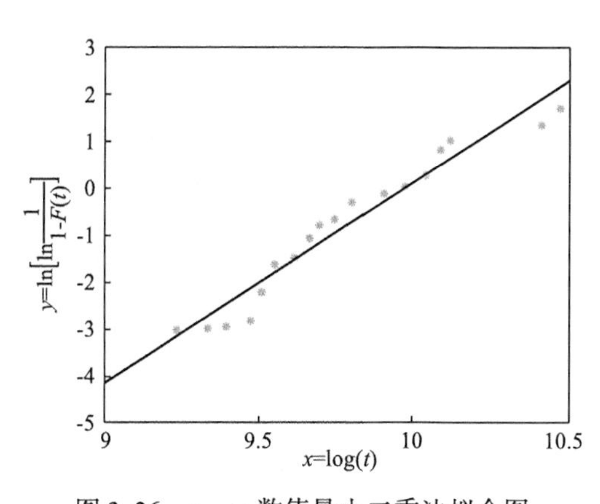

图 3.26 u、m 数值最小二乘法拟合图

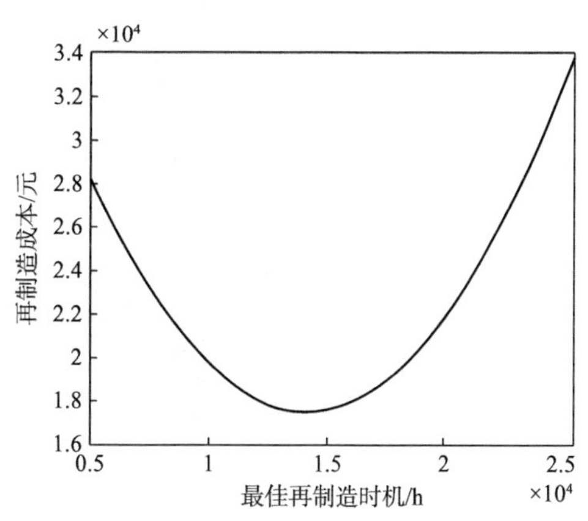

图3.27 产品再制造时机及对应的再制造成本

对面向再制造设计以及季节性影响因子对废旧品再制造成本以及最佳回收时域的影响进行分析。图 3.28 所示为季节性影响因子取值不同的情况下对再制造最佳时域以及再制造成本的影响图。影响因子值分别为 0.85、1.03 和 1.45 时，对应结果为图 3.28 中的（b）（c）（d）。三个结果可以对比图（a），即本章算例分析中影响因子为 0.78 的结果看出，季节性对废旧品的最佳回收时域有影响，对再制造成本影响微弱。

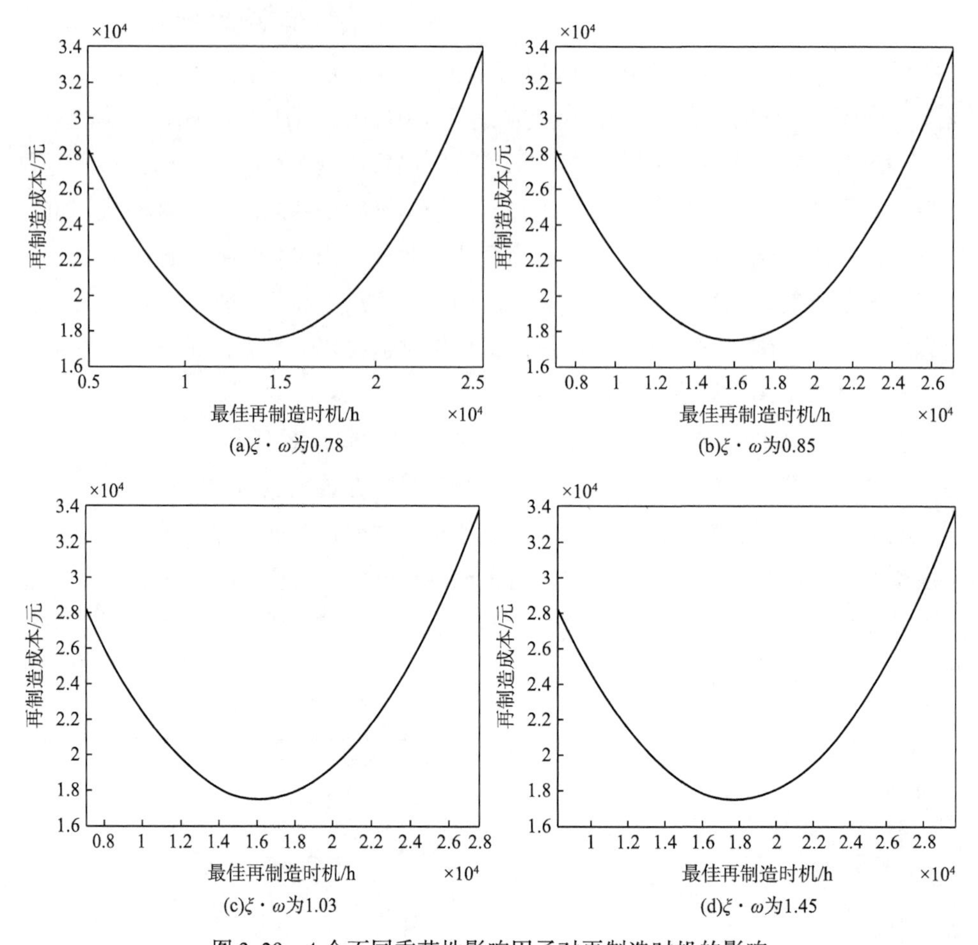

图 3. 28　4 个不同季节性影响因子对再制造时机的影响

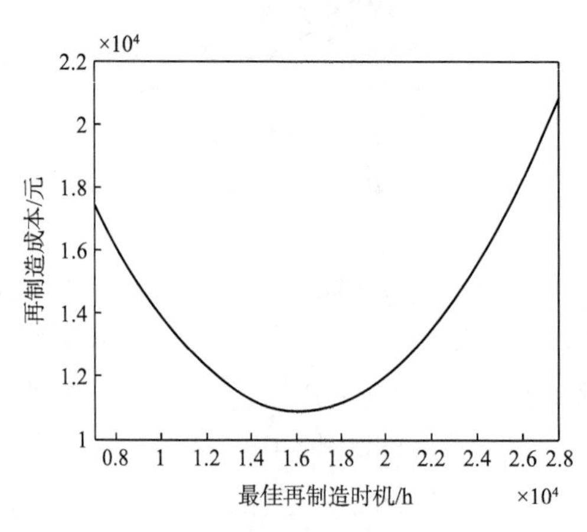

图 3. 29　再制造设计对产品回收时域以及再制造成本的影响

图 3. 29 所示为面向再制造设计对产品最佳回收时机以及成本的影响。分析得出，面向再制造设计不仅对产品最佳回收时域有积极影响，还对再制造成本影响积极。可延长产品的服役时间和废旧品的最佳再制造时机，使“浴盆曲线”第三阶段的进入点后移，同时减少再制造过程所投入的成本。

本章对 SOMEJR 模式下的废旧品在什么时间回收令再制造成本最

优问题进行研究；以食品机械为例，对影响再制造回收时机的相关因素进行分析；将产品原始生命周期中的服役成本考虑在内，并结合机械产品性能变化的“浴盆曲线”理论，重点分析了设备进入“浴盆曲线”的第三阶段后的再制造时机问题，将设备单位时间内服役成本最小作为优化目标，将影响回收时机的因素对成本的影响考虑在内，利用简化后的两参威布尔分布拟合失效率函数，以产品的可靠度为约束条件求解最佳再制造时机。以直线型洗瓶机为研究对象，确定其最佳再制造时机，并对不同季节性影响因子对最佳再制造时机的影响进行分析，得出季节性对产品再制造的回收时机产生影响但对再制造成本没有影响；再制造设计对产品的最佳回收时机有影响并且影响产品的再制造成本。通过以上分析验证了建立的模型的可行性，为废旧产品最佳回收时机的确定提供了经验。

4 SOMEJR 模式下的运输网络优化

逆向物流是确保再制造系统稳定运行的基础，长久以来原始设备生产企业的正向物流与逆向物流多数处于分裂状态，限制了再制造产业的扩展。为原始设备生产商制定符合实际再制造的闭环供应链物流网络，并提供成本优化决策方案与实施路径是重点研究方向。在传统的再制造逆向物流模式中，废旧品的回收多由生产/销售商，或者委托第三方进行，整个逆向物流过程中消费者不直接参与。现实中，消费者所处区域通常比较分散，上述三种废旧品回收方式均需要逐一访问消费者，使运输成本大大增加。在本书提出的面向服务多企业联合再制造模式中，规定消费者依据契约在废旧品达到最佳回收时域时主动将其就近运送至联合再制造企业设立的收集点。一个收集点的附近遍布多个消费者，消费者只需将废旧品送至收集点，随后由联合再制造中心安排车辆将废旧品统一运送至再制造处理中心进行再制造。本章设计了 SOMEJR 模式下的制造/再制造集成运输网络，网络模型综合考虑了制造/再制造混合运输系统中的设施集成和运输整合，从决策变量出发考虑了网络选址以及流量再分配。

目前，对制造/再制造混合物流网络的研究主要集中在回收方式和成本优化方面。张锐[110]运用最优化理论，以产品回收和再制造为基础构建出一种闭环供应链物流网络，并建立基于 MIP 的模型。高郢[111]运用全生命周期理论，分析了再制造品特性，从再制造商与第三方角度分析建立再制造逆向物流网络模型。姚飞[112]利用动态演化博弈理论分析了几种制造商间的博弈关系，并且对几种回收策略下的演化途径与均衡点性质进行了探讨。仝俊华[113]分析了回收率对回收渠道选择上的影响，构建 Stackelberg 博弈回收模型，并比较了三种常见回收模式下回收率大小，分析了利润最优情况。

4.1 运输网络设计影响因素

逆向物流供应网设计主要内容是废旧产品从消费者（起点）到需求点（再

制造商）之间的结点与路线，确定供应链中各个企业用于物流的设施，例如工厂、销售地点、仓库、销售网、回收点等的位置、功能以及规模，解决物流中流量分配问题等，实现供应链物流网的低成本，高效率运作。确定地说供应网络设计包含了以下内容：网络结构设计、设施选址设计、物流流动方向的设计和分流问题。其中，设施的数目、选址以及产品流通方式对物流成本影响较大，对运输费用有着直接影响。逆向物流网络结构设计主要包含了网络层次确定、物流节点确定、节点之间运输路线。设施选址、物流流向和流量的分配需要利用建立模型并进行求解来解决。

逆向物流系统中存在诸多不确定因素：废旧产品回收时间、数目，以及回收品质量不确定。因此，在设计逆向物流网络时应考虑上述因素对运输网络的影响，网络应具有抵抗这些不确定因素影响的能力，可满足企业长久发展需要。整个逆向物流供应链网络除了能够抵抗不稳定性因素之外，还应该确保正/逆向物流的整合设计原则，主要体现在设施的整合与运输整合两个方面。运输整合体现在运输线路与运输能力的整合。正/逆向物流可共享运输资源，提升货运车辆的使用率，有效地降低运输成本。例如，在某地区设立分销与回收中心，使进行正向运输的车辆在回程运输废旧产品。

4.1.1 逆向物流影响因素分析

传统正向物流是商品从生产商到消费者的运输路径，而再制造是废旧品从消费者到制造商的逆向路径，影响逆向物流的因素有以下几个方面。

（1）资源短缺

科技飞速发展的今天，产品更新换代越来越快，为了赢得更多的利润，产品的生命周期也在逐渐缩短，这种现象在机械，汽车与电子行业逐渐明显。包含新技术的产品与升级换代的产品正在以前所未有的速度迈向市场，促使消费者频繁换新，旧的并且还未达到使用年限的产品要么被丢弃，要么流入二手市场，同时也伴随着包装材料的浪费。随着这些情况的出现，资源浪费现象趋于严重。正是在这样的情况下，逆向物流越来越被人们重视，同时也加剧了逆向物流的管理成本[114]。

（2）法律法规健全与完善

工业化革命下的社会，政府对环境保护越来越重视，更多更完善的法律法规被制定出来，推动了绿色产业的发展。并且大力度的宣传，使更多的人对环境保护树立了正确的认识，这种正确的认识又推动了法律法规的实施，两者相辅相成，互相促进。例如，《食品和包装机械行业“十二五”发展规划》的提出，推动了食品和包装机械行业向绿色制造迈进一大步，并注明努力推动食品与包装机械再制造行业的发展。各个国家也纷纷立法促进再制造产业的扩大[115]。

（3）加强服务水平

随着竞争的日益激烈，以及电商的普及，消费者能够便捷地通过各种渠道购买所需商品，并且以最优惠的价格购买。为了更好地维护客户群体，越来越多的服务与商品捆绑在一起，例如退换货服务。因为产品在运输过程中难免会出现损坏现象，或者产品在制造时出现质量问题，都可以采取退换货政策，但随着竞争的激烈，部分商家已经推出无理由退换货服务，任何出于主观或者客观的理由均可退换货。因此服务水平的提高带给了逆向物流更大的压力。

（4）核心技术保护

企业将越来越多的研究成果、科技理念、创新设计等与商品融合，因此核心技术与自身知识产权的保护也备受企业重视。核心技术才是科技社会前提下企业竞争的关键所在，是企业的生命线。对于部分掌握着先进科学技术的企业而言，废旧品回收是对其核心技术最有利的保护手段之一。

（5）消费者

消费者是再制造整个供应链网络中的重要也是主要参与方[116]，参与者的行为从根本上影响了供应链的循环速率。造成环境污染、资源浪费的根源便是消费者对废旧品的随意丢弃，消费者有义务对产品进行定期维护，并主动参与废旧品再制造。

（6）自然环境因素

在逆向物流网络选址中，气象因素对其有着重要的影响，气象因素主要包括温度、降雨量、风力等级等指标。气象环境恶劣的地区，需要投入更多运输成本，所以要尽可能地回避在此类地区进行物流运输。地势较高、平坦，且具有一定面积的地区更合适，并注意远离洪水易发区。其次，地质环境相对复杂的山区选址建设耗资巨大，易埋下隐患。另外如在水源地上游选址，生产过程中有毒废水随意排放将造成不可估量的后果，应尽量规避[117]。

（7）区域设施

基础设施也是影响逆向物流网络选址的因素。区域内应具备便捷的交通运输环境，应以靠近交通枢纽为原则展开布局，要求区域内城市道路、通信等公共设施齐备，电、燃气等基础设施完善，具备污水、废气、固体废物的处理能力。

（8）运营环境

逆向物流网络应建立在产业发达区域，选择距离服务目标近且靠近大型企业、商区，以缩短运输距离，减少运输成本。

4.1.2 SOMEJR 模式下的运输网络参与方

逆向物流的主要参与对象共同组成了逆向物流网络的主体。逆向物流参与方包括：政府、制造商、再制造商、消费者。面向服务的再制造模式下多企业联合再制造模式逆向物流网络参与方包括以下几个。

（1）政府

政府是驱动再制造发展的关键因素，政府颁布的法律法规对再制造产业有着深远影响。政府通过制定的法律法规约束、规范制造/再制造方以及消费者的行为，并制定一定的奖罚政策，奖励或惩罚企业与个人。政府职能部门利用自身职责制定法律法规来约束与规范制造/再制造企业以及消费者的行为，从而使其符合可持续发展的要求，并出台相应的奖罚政策来奖励企业与个人，从税收、信贷以及补助等多方面来扶持相关企业，建立龙头企业来带动整个行业的发展，对一些有损企业以及国家个人利益的行为进行处罚。例如，2013 年，国务院颁发《循环经济发展战略及近期计划》中提出，需发展再制造，创建废旧件回收体系，抓好重点产品再制造，大力推广再制造。欧盟与日本等国家也出台相应法律法规来约束与规范再制造企业以及个人行为。另外，政府可从税收、信贷以及资金补贴等方面扶持再制造产业，通过建立龙头企业鼓励带动整个行业的发展[118]。

（2）再制造/制造商（联盟企业）

制造与再制造商是逆向物流的主体实施方，位于逆向物流网络中的关键位置。不同的再制造模式，进行再制造生产的可以是制造商，也可以是再制造商，主要区别在于某一方承担再制造修复与装配作业。制造商满足消费者的需求，当出现不规范行为时会造成环境污染、资源浪费。制造商首先是满足消费者的需求，其次是环境损坏者，他们的不规范行为，导致环境污染以及资源浪费。再制造商负责将废旧产品变废为宝，是环境的守护者。回收商负责对废旧品进行回收。不同回收模式中，负责废旧品回收的可是制造商、再制造商或独立第三方[119]。SOMEJR 模式中，制造商、再制造商与回收商三者合为一体，同时扮演了制造商、再制造商和回收商的角色。

（3）非联盟企业

不参与联合再制造企业建设，但可以将其废旧产品送至联合再制造企业进行再制造处理。

（4）消费者

消费者是逆向物流顺利实施的基础，消费者是传统再制造模式中被忽视的群体，是逆向物流的首要驱动力，为最终服务目标。用于再制造的毛坯始于消费者的废弃行为，消费者行为决定了毛坯质量的好坏。消费者能够破坏环境、浪费资源，同样能够保护环境。消费者可促使政府制定更加完善的法律法规来约束企业行为，使企业对自己的行为负责。另外，消费者有义务将废旧的设备主动送到指定回收点[120]。

SOMEJR 模式中消费者可以是联盟企业、非联盟企业以及其他企业，例如未将废旧产品送至联合再制造企业进行再制造处理的，但是购买联合再制造企业再制造产品的这部分群体。

4.1.3 SOMEJR 模式下的运输网络主要实施内容

逆向物流是废旧品到再生新品的整个链条，从最初的回收到再制造品销售包含了运输、管理、搬运、再制造生产、包装和流通等[121]。SOMEJR 模式下的运输网络包括了正向物流，联盟企业再制造产品的运输；还包括逆向物流，对非联盟企业与联盟企业的废旧品回收。整个运输网络主要包括以下活动内容。

（1）回收

回收是逆向物流的基础，消费者将已经达到最佳回收时域的废旧品运送至 SOMEJR 模式下的指定收集点，再由联合再制造中心组织车辆将其运送至处理中心。运输成本占逆向物流成本中的很大一部分，使运输成本降低至关重要。该模式下逆向物流包括联盟企业与非联盟企业两个部分，回收模式相同。

（2）再制造品运输

SOMEJR 模式下需要对联盟企业的再制造产品进行运输。将再制造产品运送至原收集点，等待消费者将其收回。

（3）流动周期

逆向物流流动周期是商品从消费者 - 再制造 - 消费者的过程，流动周期的长短受商品回流影响，大致有退换货、返厂维修、商业返回、设备报废、回收等。流动周期跟正/逆向物流链中多个环节的运作快慢密切相关。

（4）处理中心选址

废旧品经联合再制造中心组织运输，被送往处理中心进行再制造加工处理。处理中心的选址与处理中心的数量影响物流网络成本，应对处理中心数量和选址进行优化设计。

(5) 车辆调度

在SOMEJR模式的回收过程中，包括了再制造新品运输任务和废旧品回收任务，回收任务在一定数量的处理中心和固定数量的废旧品收集点之间进行，废旧品与新产品可以混载。该过程中使用多少辆车，对回收与运送路径如何规划，使这个正向与逆向物流系统运输成本最优是需要解决的问题[122]。

4.2 消费者参与制下的运输网络拓扑结构

4.2.1 消费者行为意向

建立在认知与判断之上，消费者将作出与之对应的行为倾向，这是消费者行为倾向的具体表现，在一定程度上，将转变为具体行为，所以对消费者行为意向进行调查，分析与判断对消费者参与制有重要意义[123]。

(1) 有经济补偿

消费者主动参与回收废产品的意向与制造/再制造企业或是政府出台的补偿政策有重要关系。给予消费者一定的经济补偿是推动和鼓励消费者积极参与回收废旧品的一个重要因素。消费者将废旧品送至固定回收处，需付出一定的费用，而这笔费用无法从生态环境的受益者处得到补偿[124]。虽然消费者了解废旧品的危害也有保护生态环境的意识，但在当前消费者的收入情况下无法做到放弃利益而主动参与到环境保护中。

通过调研，在提供经济补偿的情况下，消费者愿意将废旧品进行再制造，并且愿意主动积极地参与回收活动。这表明消费者在追求自身利益的同时也愿意走可持续发展的道路，主动保护环境，减少资源的浪费。

(2) 不提供经济补偿

国外废旧设备通常由消费者主动运送至回收机构，如需上门回收则需要预约并承担部分运输成本。国外的回收系统以及回收模式是经过实践并证明可行的。这得益于国外消费者有很强的环境意识与多年来养成将垃圾进行分类处理的习惯，因此对废旧设备进行回收并没有强烈反应，均按照以往的习惯进行废旧设备处理。但该模式在国内的实施却举步维艰[125]。

国内从事食品生产的小商、小贩占据很大比重，这部分群体自身环保意识较差，而且经济实力弱，因此在不提供经济补偿的情况下要求其积极主动地参与废旧品的回收执行起来比较困难。

4.2.2 消费者参与制

消费者是废旧品回收管理的主要参与者。废旧品的回收虽然由政府与企业组织进行，但消费者才是废旧品回收的源头，只有号召消费者积极主动参与才能将回收目标落实。首先，供应链终端的消费者特别分散，如果进行逐个访问，回收物流辐射半径增加，回收成本比重增加，尤其在国内食品机械消费者分布情况下，零散的中小企业居多，这些企业资金有限，在建厂选址时不会选择交通便利、周围设施发达的地区，这些区域的建厂费用往往高于偏远地区。上述情况下消费者如不参与废旧品回收将导致回收过程消耗成本过高，减少了废旧品再制造创造的价值。另外，国家对于消费者的处置行为的法律约束还不够充足，现有法律法规由于实施成本过高造成实施性较差。这种情况下，各种非法律约束手段通常起不到决定性作用，如教育、道德舆论、奖励政策等[126,127]。

传统再制造模型中，参与逆向物流运输的通常不包括消费者，也不对其回收行为约束，使消费者对废旧品回收没有产生足够重视。建立消费者参与制（Consumer Participation System，CPS）规范消费者行为。通过契约约束规定消费者在产品达到最佳回收时机时主动将其送回，并给予一定的运输以及其他相关补偿[128]。通过这种方式可以防止消费者将废旧品随意丢弃或者低价转卖。消费者参与制的提出有利于规范消费者行为，推动逆向物流，提高循环速率。

正确认识与掌握消费者参与行为的基本规律与特点，将消费者处置废旧品的行为规范化，及时解决废旧品在回收过程中需要面对的困难[129]。消费者参与制的建立与研究有助于推动面向服务的多企业联合再制造模式下逆向物流系统积极有序且高效运行；有利于企业建立合理、有针对性且有效的废旧品回收网络，以降低回收成本[130]。

一般情况下，废旧设备的质量存在差异，需要进行专业的检测才能确定哪些零部件拥有重新再利用的条件，之后根据不同的修复工艺对零部件分类。首先消费者对废旧品进行一级粗拆卸，之后将废旧品运送至指定收集点，待收集到一定量时联合再制造中心组织车辆将废旧品运送至联合再制造中心进行二级细拆卸、检测、清洗、归类等程序[131]。可进行下一步再制造的废旧零部件被运送至加工中心进行表面修复处理后进行装配，再制造品通过正向物流网络二次分销给消费者，图 4.1 为基于 SOMEJR 模式的消费者参与制下的运输网络拓本图。

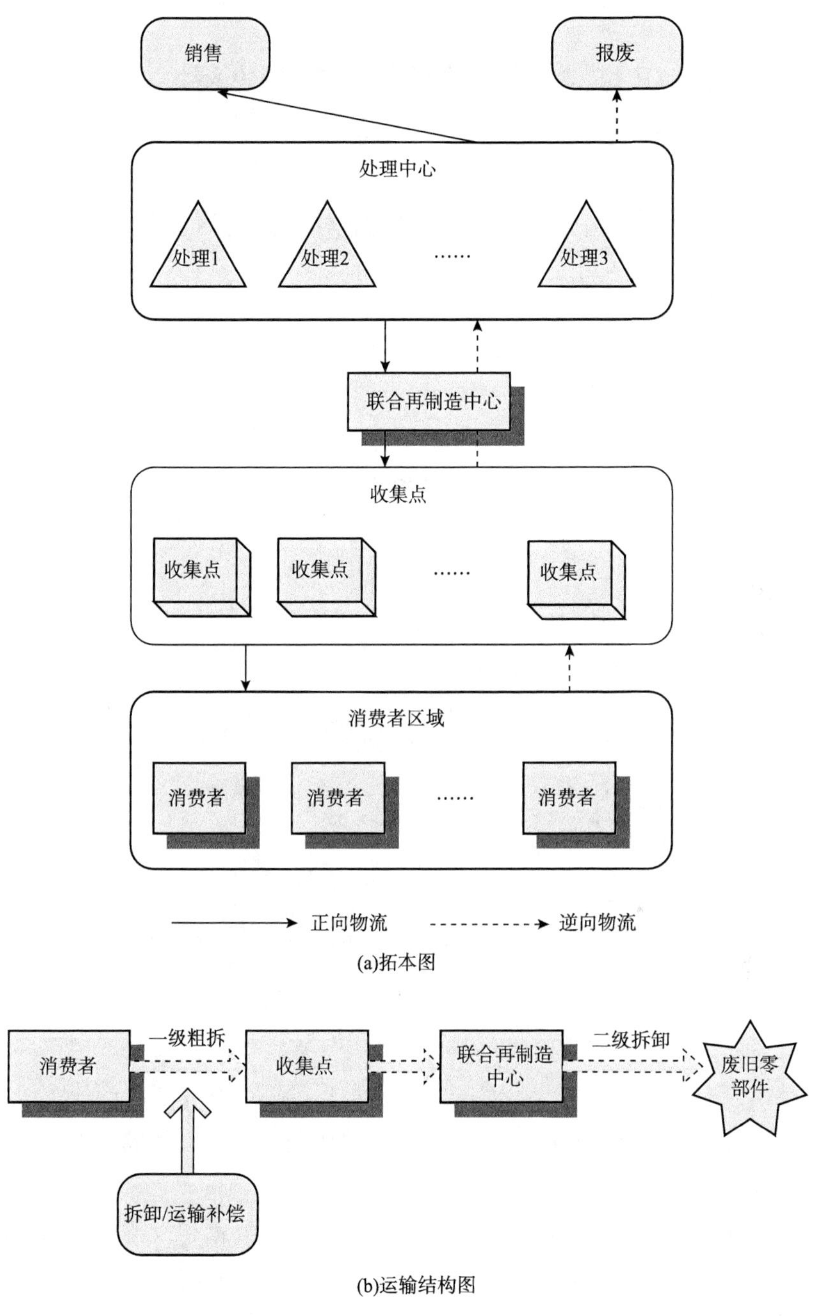

图 4.1 基于 SOMEJR 模式的消费者参与制下的运输网络拓本图

4.3 SOMEJR 模式下的回收方式分析

4.3.1 传统再制造模式及 SOMEJR 模式下的回收方式分析

现有再制造模式中，废旧品回收再制造主要有：制造商为主导的回收模式、零售商主导的回收模式和以第三方主导的回收模式[132]。

1. 制造商主导的回收模式

制造商承担新产品的生产以及废旧品的回收与再制造，制造商从消费处者直接回收废旧品。产品与再制造产品的销售工作由零售商完成。过程如图 4.2 所示。

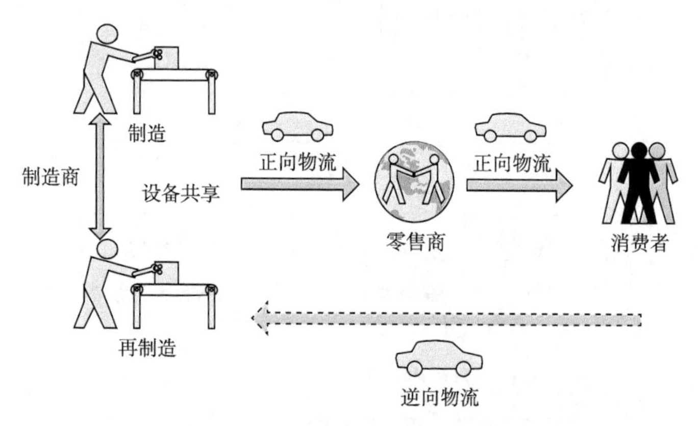

图 4.2　制造商负责的回收模式

以制造商为主的废旧品回收再制造模式其优点在于：制造商掌握了一定的产品生产技术，对产品加工生产具有一定的熟悉程度，拥有成套生产流水线以及能够熟练完成各种工序的人员，为再制造生产活动提供技术、环境、人员支持，确保顺利完成再制造生产任务。

其缺点在于：再制造生产需要引进一系列先进的技术和设备。以制造商为主的再制造模式中，制造商如果属于中小企业，并且废旧品的回收过程需要一定的回收成本。如果没有足够资金引进先进的再制造生产技术以及设备，则无法从事再制造活动。因此该种模式适合大型制造企业，它们有一定的经济实力承担废旧品的回收及后续再制造活动。

2. 以零售商为主的废旧品回收再制造模式

零售商从消费者处回收废旧品，再制造品的生产由其他企业完成，制造商只负责产品的生产，零售商完成产品与再制造产品的销售，过程如图 4. 3 所示。

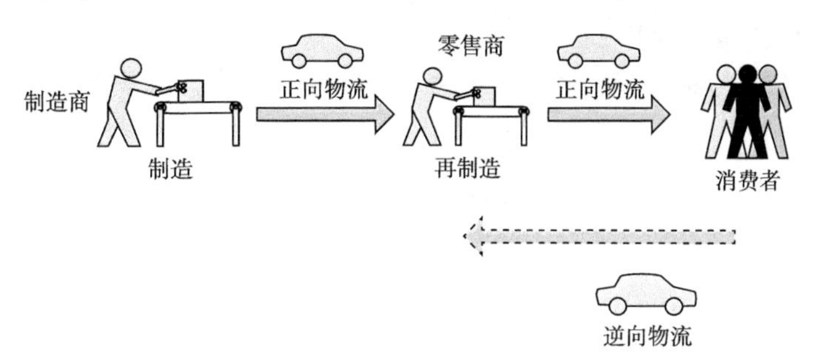

图 4. 3　销售商负责的回收模式

以零售商为主的废旧品回收再制造模式其优点在于：零售商对每周期或每季度内各种产品的市场需求量能够准确掌握，零售商与消费者之间可以直接沟通，信息传达比较及时。每周期或每季度内，零售商能根据掌握的信息对该时段内废旧品的回收数量做出较为准确的预测。

该模式的缺点在于：零售商仅负责产品的销售工作而不参与新品的生产，因此没有足够的产品生产经验。如果以单个零售商为主体建立再制造生产线，需要投入大量资金以引进技术、设备以及技术人员；如果多个零售商协作建立再制造生产线，则需要对生产线选址进行规划，废旧品运输成本增加；如果零售商选择第三方进行再制造生产，同样使再制造成本增加，引起再制造品价格上涨。

3. 以第三方为主的废旧品回收再制造模式

废旧品的回收由第三方进行，零售方完成产品与再制造产品销售，而制造方只进行产品与再制造品生产，过程如图 4. 4 所示。

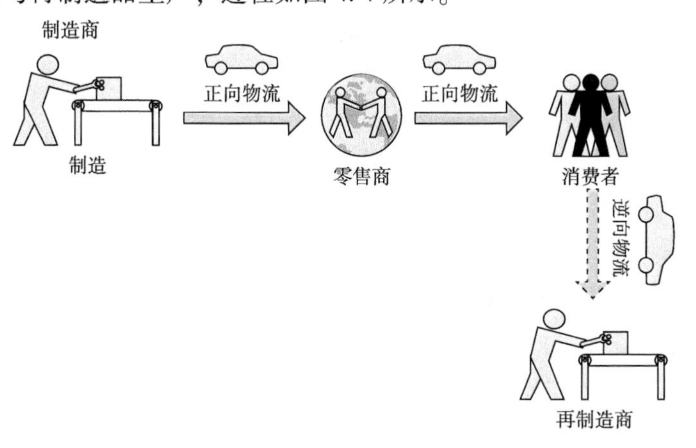

图 4. 4　第三方负责的回收模式

以第三方为主的废旧品回收再制造模式优点在于：第三方企业主要从事再制造生产，拥有足够的运作资金、先进的设备、技术和专业从事再制造生产的人员，使再制造产品的质量得到了保障[133]。

该种模式的缺点在于：第三方无法及时掌握市场信息，准确判断废旧品回收量与市场需求量。如出现供不应求的情况则会产生惩罚成本；如出现供大于求的情况则会造成库存积压，增加企业库存成本。对于季节性明显的废旧品某个周期内数量急剧增加，如无法预测回收数量，超出生产线可处理的最大能力，再制造将无法顺利实施。

图 4.5 为消费者被动回收废旧品的逆向物流模型。回收车辆需要一一访问消费者，从消费者处回收的废旧品经一个闭环运输路径后回到起点。可以看出，该模型中车辆轨迹范围大，辐射半径大，导致运输成本增加。

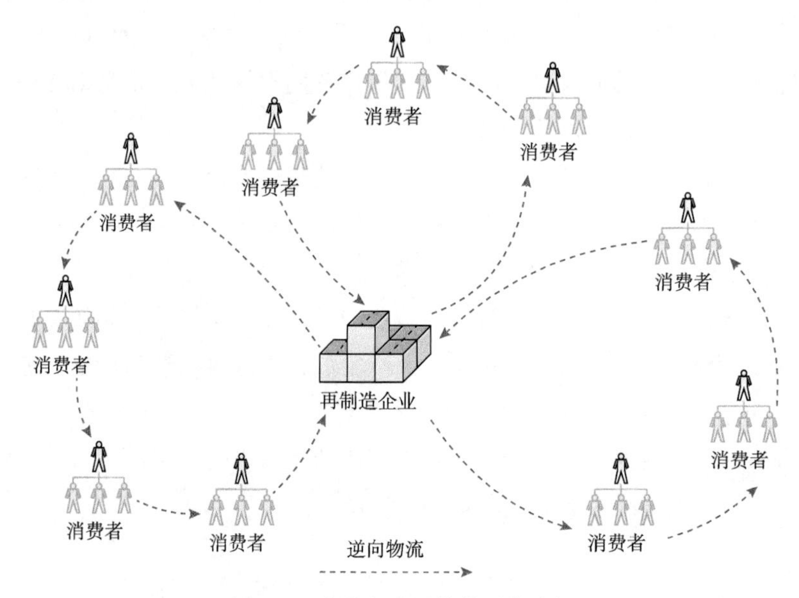

图 4.5　企业负责回收的回收路径

将消费者参与制引入后，消费者将废旧品就近送往联合再制造企业设立的固定收集点，收集点处废旧品达到一定数量后，联合再制造中心组织运输车辆只需一一访问收集点进行废旧品回收，不再需要一一访问消费者。过程如图 4.6 所示，从图中可以直观看出路径优化结果。车辆回收半径变小，路径变短，从而降低了运输成本，缩短了运输时间。

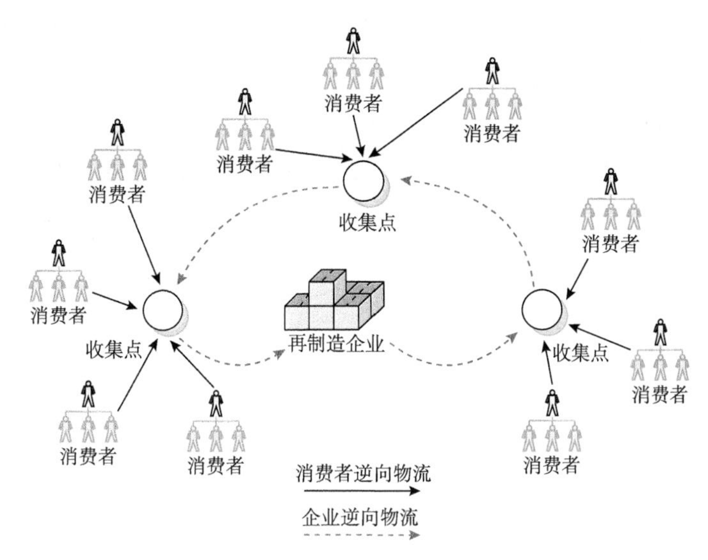

图 4.6　消费者参与制下的回收路径

4.3.2　SOMEJR 模式下的运输网络运营成本分析

混合制造供应链网络的设计构建需要考虑它的运营成本，回收过程的运输成本不能忽略不计。另外，处理中心的投资成本同样是网络设计构建的重要项目。所以，整个网络运营成本主要包括了收集点到再制造处的运输成本、再制造处至处理中心的成本、处理中心扩建成本、处理成本等重要部分。在整个传统物流网络中，没有将消费者考虑在内，再制造品进入正向物流二次分销产生的收益也不在模型考虑范围之内[134]。传统模式下运输网络设计主要考虑成本如图 4.7 所示。

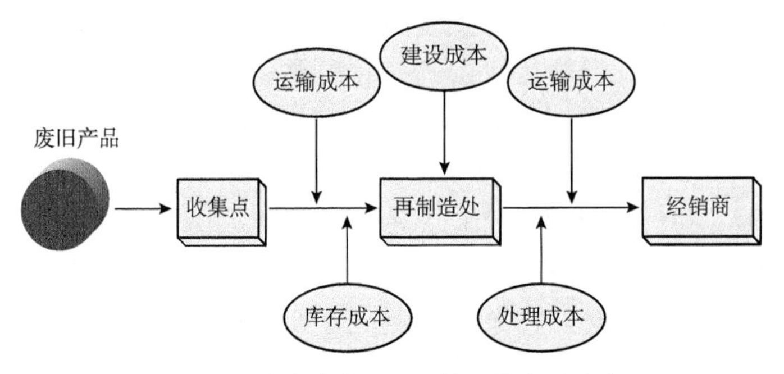

图 4.7　传统模式下的运输网络主要成本

在文章所构建的 SOMEJR 模式的模型中，消费者主动将废旧品送至收集点过程中，对消费者产生的运输成本，制造商应该给予一定经济补偿。另外，消费者在将废旧品运送至收集点之前将废旧产品进行一级粗拆卸，消费者对少部分报废零部件进行绿色处理，这样将减少运送过程中的运输成本，制造商同时对消费者的拆卸成本进行补偿[135]。联合再制造中心处为了加快废旧品处理进度，同时建立多个处理中心，SOMEJR 模式的模型中，运输网络设计主要成本如图 4.8 所示。

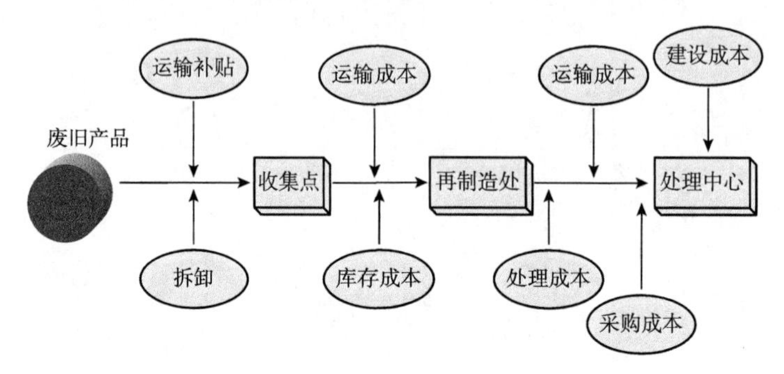

图 4.8　SOMEJR 模式下的运输网络主要成本

4.4　SOMEJR 模式下的多车辆、多处理中心运输网络模型优化研究

传统再制造系统中，部分研究结果集中在车辆运输与库存的集成优化，已有学者研究了带有回程取货的运输与库存联合优化研究，周蓉[136]研究了车辆装卸一体化优化模型，并对带有时间窗的装卸一体化的路径优化问题进行了研究；袁庆达[137]提出了随机库存运输联合优化问题研究，以车辆和消费者存储能力为决策变量，令系统投入运行时的库存成本与运输成本之和最小；Toth 和 Vigo[138]提出了对需要进行回收与送货的节点分布进行车辆路径规划，令回收与送货的路径首尾相连接；石兆等[139]研究了不同的车辆型号以及容量等情况下的车辆运输问题。另有研究将正向物流与逆向物流相结合进行运输与库存成本最优研究。但已有文献没有对消费者参与制下的正向物流与逆向物流运输优化问题进行研究。本章将消费者参与制下正向物流与逆向物流相结合，对多收集点和多处理中心的情况下利用多辆车对新品运输与旧件回收的运输服务进行研究，使得系统的运输与库存成本最优。

4.4.1　运输网络问题描述

面向服务的再制造模式中，消费者购买产品时与生产商签订协议，按照协议规定，在若干年后设备达到最佳回收时机后对产品进行主动回收，消费者将废旧品主动运送到距离最近的收集点，联合再制造企业提供消费者一定的运输补贴或者一定的价格折扣。

本章模型将消费者主动拆卸废旧品的情况考虑在内。消费者有相应的能力对废旧品进行一级粗拆卸，联合再制造中心给予消费者一定的拆卸补偿。并且在运送至收集点前将废旧品拆卸，部分报废的零部件不参与运输也可减少运输成本。

在 SOMEJR 模式回收逆向物流中，参与运输的有：联盟企业、非联盟企业与联合再制造中心。对于非联盟企业和联盟企业实行相同运输模式，即消费者均要主动将废旧品送至收集点。

SOMEJR 模式中的逆向物流模型中包括一定数量的收集点、一个联合再制造中心、多个处理中心，可以同时进行多种再制造工序。图 4.9 所示为 SOMEJR 模式下的逆向物流模型。

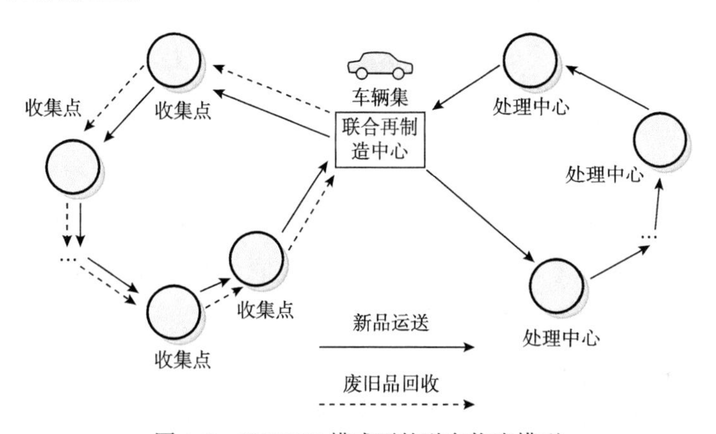

图 4.9　SOMEJR 模式下的逆向物流模型

4.4.2　建立运输网络优化模型

模型包含正向物流与逆向物流，正向物流即联盟企业再制造商品从处理中心处运送至指定收集点，非联盟企业再将制造产品送至销售中心。逆向物流是将回收的废旧品从收集点运往联合再制造中心。整个系统正逆向物流有重合部分。

消费者将需要回收的商品经过一级粗拆卸之后就近送往收集点，之后联合再制造企业安排车辆将废旧品从收集点运送至处理中心处进行再制造处理，将已经装配好的联盟企业再制造新品运送至原收集点，等待消费者取回。在运送再制造新商品的同时，可以混装需要回收的废旧品。非联盟企业再制造新品运往销售中心，销售中心在联合再制造企业内部。

多辆车模型是在收集点较多、模型较为复杂的情况下，一辆车无法完成运输，所以需要多辆车同时进行回收与配送，对模型进行如下假设：

（1）车辆从联合再制造中心处出发；

（2）先对处理中心处新品运输，再回到联合再制造中心；

（3）车辆从联合再制造中心出发，对收集点废旧品进行回收与新品运输后再回到联合再制造中心；

（4）每个处理中心都有联盟企业新品运输任务；

（5）每个收集点都有废旧品需要回收，包括联盟企业与非联盟企业废旧品；

（6）消费者将废旧品运送至收集点的成本不考虑，以运输补贴的形式进行补贴；

（7）单次运送新品不超过车辆载重和车辆容积；

（8）新品与废旧件可以混装，并且总重不超过载重和车辆容积；

（9）产品单位运输费用与距离呈简单的线性关系；

（10）保证新品送到指定收集点；

（11）保证每次收集点废旧品全部回收；

（12）收集的废旧品全部送往处理中心；

（13）保证某辆车访问一个收集点，离开收集点也是同一车辆；

（14）每一次配送新品与收集过程保证每个收集点被访问一次；

（15）非联盟企业只有废旧品回收，没有新品运送；

（16）对消费者提供拆卸补贴。

基于 SOMEJR 模式的 CPS 下的逆向物流模型如图 4.10 所示。

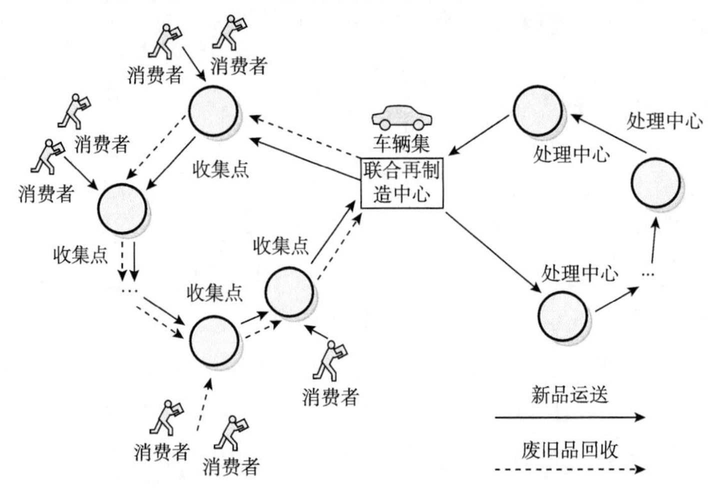

图 4.10　基于 SOMEJR 模式的 CPS 下的逆向物流模型

对所建数学模型中出现的符号进行说明：

N——收集点集；

N'——处理中心集；

i，j——收集点/处理中心集，$i \neq j$，i，$j = \{0, 1, 2, 3, \cdots n\}$；

$i=0$——处理中心集；

V——车辆集；

k——进行新品与废旧品运输的车辆，$k \in V$；

W——单位车辆承载容积；

U——单位车辆承载重量；

Z——联合再制造中心仅有1个；

C_x——备选处理中心；

$M_{x\mathrm{l}i}^{**}$——从 X 处装载的再制造新品总数量，$i \in N$；

$M_{\mathrm{l}i}^{*}$——收集点 i 点需要运送的联盟企业再制造新品数量，$i \in N$；

D_i——收集点 i 需要运送的新品重量，$i \in N$；

$D_i = M_{\mathrm{l}i}^{*} \cdot \tilde{R}_{\mathrm{ql}} \cdot \rho_{\mathrm{z}}$；

V_{ii}——集点 i 需要运送的新品体积，$i \in N$；

$V_{ii} = M_{\mathrm{l}i}^{*} \cdot \tilde{R}_{\mathrm{ql}}$；

$\tilde{R}_{\mathrm{ql}}$——联盟企业单位产品体积；

$\tilde{R}_{\mathrm{qf}}$——非联盟企业单位产品体积；

$Q_{i\mathrm{l}}$——联盟企业预送往收集点 i 处的废旧品数量，$i \in N$；

$Q_{i\mathrm{f}}$——非联盟企业预送往收集点 i 处的废旧品数量，$i \in N$；

Q_i——集点 i 需要回收的废旧品总重量，$i \in N$；

$Q_i =$ （$\eta_{\mathrm{fl}} \cdot Q_{i\mathrm{f}} \cdot U_{\mathrm{f}} \cdot \tilde{R}_{\mathrm{f}} + \eta_{\mathrm{l}} \cdot Q_{i\mathrm{l}} \cdot U_{\mathrm{l}} \cdot \tilde{R}_{\mathrm{L}}$）$\rho$；

V_i——集点 i 需要回收的废旧品总体积，$i \in N$；

$V_i = \eta_{\mathrm{fl}} \cdot Q_{i\mathrm{f}} \cdot U_{\mathrm{f}} \cdot \tilde{R}_{\mathrm{f}} + \eta_{\mathrm{l}} \cdot Q_{i\mathrm{l}} \cdot U_{\mathrm{l}} \cdot \tilde{R}_{\mathrm{l}}$；

η_{l}——联盟企业拆卸率；

η_{fl}——非联盟企业拆卸率；

U_{l}——联盟企业废旧品所含核心零部件数量；

U_{f}——非联盟企业废旧品所含核心零部件数量；

$\tilde{R}_{\mathrm{L}}$——联盟企业零部件体积；

$\tilde{R}_{\mathrm{f}}$——非联盟企业零部件体积；

ρ——零部件质量系数；

ρ_{z}——产品质量系数；

C_{ybt}——消费者主动运送废旧品至收集点处的单位产品运输补贴金额；

C_{cbt}——联盟与非联盟企业单位产品拆卸补贴金额；

tc——单位产品运输成本；

tg——交通运输收费；

c_{cs}——处理中心建立成本；

C_{ff}——非联盟企业再制造新品库存成本；

L_{cx}——处理中心到联合再制造中心的距离；

L_{ci}——联合再制造中心到各个收集点的距离；

L_{ij}——收集点之间的距离/处理中心之间距离；

cap_{zx}：联合再制造中心最大库存容量；

$$\sum_{k=1}^{V}\sum_{x=1}^{X}\sum_{i=0}^{N} X_{ixk} M_{x\mathrm{l}i}^{**} \cdot \tilde{R}_{\mathrm{ql}} \leqslant W \tag{4.1}$$

式（4.1）表示集点 i 需要运送的新品体积不超过单位车辆承载容积；

$$(\eta_{\mathrm{fl}} \cdot Q_{i\mathrm{f}} \cdot U_{\mathrm{f}} \cdot \tilde{R}_{\mathrm{f}} + \eta_{\mathrm{l}} \cdot Q_{i\mathrm{l}} \cdot U_{\mathrm{l}} \cdot \tilde{R}_{\mathrm{L}}) \leqslant W \tag{4.2}$$

式（4.2）表示集点 i 需要回收的废旧零部件体积不超过单位车辆承载容积；

$$(\eta_{\mathrm{fl}} \cdot Q_{i\mathrm{f}} \cdot U_{\mathrm{f}} \cdot \tilde{R}_{\mathrm{f}} + \eta_{\mathrm{l}} \cdot Q_{i\mathrm{l}} \cdot U_{\mathrm{l}} \cdot \tilde{R}_{\mathrm{L}})\ \rho \leqslant U \tag{4.3}$$

式（4.3）表示集点 i 需要回收的废旧零部件重量不超过单位车辆承载重量；

$$\sum_{k=1}^{V}\sum_{x=1}^{X}\sum_{i=0}^{N} X_{ixk} M_{x\mathrm{l}i}^{**} \cdot \tilde{R}_{\mathrm{ql}} + \sum_{k=1}^{V}\sum_{i=1}^{N}\sum_{j=1}^{N} X_{kij} \cdot (\eta_{\mathrm{fl}} \cdot Q_{i\mathrm{f}} \cdot U_{\mathrm{f}} \cdot \tilde{R}_{\mathrm{f}} + \eta_{\mathrm{l}} \cdot Q_{i\mathrm{l}} \cdot U_{\mathrm{l}} \cdot \tilde{R}_{\mathrm{L}} - \tilde{M}_{\mathrm{l}i}^{*} \cdot R_{\mathrm{ql}}) \leqslant W \tag{4.4}$$

式（4.4）表示车辆 k 离开 i 点时的车容积不超过单位车辆承载容积；

$$\sum_{k=1}^{V}\sum_{x=1}^{X}\sum_{i=0}^{N} X_{ixk} M_{x\mathrm{l}i}^{**} \cdot \tilde{R}_{\mathrm{ql}} \cdot \rho_{\mathrm{z}} + \sum_{k=1}^{V}\sum_{i=1}^{N}\sum_{j=1}^{N} X_{kij} \cdot (\eta_{\mathrm{fl}} \cdot Q_{i\mathrm{f}} \cdot U_{\mathrm{f}} \cdot \tilde{R}_{f.} \cdot \rho + \eta_{\mathrm{l}} \cdot Q_{i\mathrm{l}} \cdot U_{\mathrm{l}} \cdot \tilde{R}_{\mathrm{L}} \cdot \rho - \tilde{M}_{\mathrm{l}i}^{*} \cdot R_{\mathrm{ql}} \cdot \rho_{\mathrm{z}}) \leqslant U \tag{4.5}$$

式（4.5）表示车辆 k 离开 i 点时的重量不超过单位车辆承载重量；

$$\left[\sum_{k=1}^{V}\sum_{x=1}^{X}\sum_{i=0}^{N} X_{ixk} M_{x\mathrm{l}i}^{**} \cdot \tilde{R}_{\mathrm{ql}} + \sum_{k=1}^{V}\sum_{i=1}^{N}\sum_{j=1}^{N} X_{kij} \cdot \left(\eta_{\mathrm{fl}} \cdot Q_{i\mathrm{f}} \cdot U_{\mathrm{f}} \cdot \tilde{R}_{\mathrm{f}} + \eta_{\mathrm{l}} \cdot Q_{i\mathrm{l}} \cdot U_{\mathrm{l}} \cdot \tilde{R}_{\mathrm{L}} - \tilde{M}_{\mathrm{l}i}^{*} \cdot R_{\mathrm{ql}}\right)\right] + \sum_{k=1}^{V}\sum_{i=1}^{N}\sum_{j=1}^{N} X_{kij} \cdot (\eta_{\mathrm{fl}} \cdot Q_{j\mathrm{f}} \cdot U_{\mathrm{f}} \cdot \tilde{R}_{\mathrm{f}} + \eta_{\mathrm{l}} \cdot Q_{j\mathrm{l}} \cdot U_{\mathrm{l}} \cdot \tilde{R}_{\mathrm{L}} - M_{\mathrm{l}j}^{**} \cdot R_{\mathrm{ql}}) \leqslant W \tag{4.6}$$

式（4.6）表示车辆 k 离开 j 点时的车容积不超过单位车辆承载容积；

$$\sum_{k=1}^{V}\sum_{x=1}^{X}\sum_{i=0}^{N}X_{ixk}M_{xli}^{**}\cdot\tilde{R}_{ql}\cdot\rho_{z}+\sum_{k=1}^{V}\sum_{i=1}^{N}\sum_{j=1}^{N}X_{kij}\cdot(\eta_{fl}\cdot Q_{if}\cdot U_{f}\cdot\tilde{R}_{f.}\cdot\rho+\eta_{l}\cdot Q_{il}\cdot U_{l}\cdot\tilde{R}_{L}\cdot\rho-\bar{M}_{li}^{*}\cdot R_{ql}\cdot\rho_{z})$$

$$+\sum_{k=1}^{V}\sum_{i=1}^{N}\sum_{j=1}^{N}X_{kij}\cdot(\eta_{fl}\cdot Q_{jf}\cdot U_{f}\cdot\tilde{R}_{f}\cdot\rho+\eta_{l}\cdot Q_{jl}\cdot U_{l}\cdot\tilde{R}_{L}\cdot\rho-\bar{M}_{lj}^{**}\cdot R_{ql}\cdot\rho_{z})\leqslant U \quad (4.7)$$

式（4.7）表示车辆 k 离开 j 点时的重量不超过单位车辆承载重量；

$$\sum_{k=1}^{V}\sum_{i=1}^{N}X_{kjz}\cdot(\eta_{fl}\cdot Q_{jf}\cdot U_{f}\cdot\tilde{R}_{f}+\eta_{l}\cdot Q_{jl}\cdot U_{l}\cdot\tilde{R}_{L})\leqslant W \quad (4.8)$$

式（4.8）表示车辆 k 离开 j 点返回联合再制造中心时的车辆容积不超过单位车辆承载容积；

$$\sum_{k=1}^{V}\sum_{i=1}^{N}X_{kjz}\cdot(\eta_{fl}\cdot Q_{jf}\cdot U_{f}\cdot\tilde{R}_{f}+\eta_{l}\cdot Q_{jl}\cdot U_{l}\cdot\tilde{R}_{L})\cdot\rho\leqslant U \quad (4.9)$$

式（4.9）表示车辆 k 离开 j 点返回联合再制造中心时的车辆载重不超过单位车辆承载容积。

由于公式符号过多，过于复杂，将收集点的废旧品以及新品均按照重量进行运算，以重量和容积为约束，将收集点处的产品（件）换算成重量（t）以减少符号的复杂程度，对上式符号进行简化：

N——收集点集；

N'——处理中心集；

i，j——收集点/处理中心集，$i\neq j$，i，$j=\{0, 1, 2, 3, \cdots n\}$；

$i=0$——代表联合再制造中心；

V——车辆集；

k——进行新品与废旧品运输的车辆，$k\in V$；

W——单位车辆最大容积；

U——单位车辆最大承载重量；

Z——联合再制造中心仅有1个；

C_x——备选处理中心；

C_n——选中的处理中心；

Q_{il}——联盟企业预送往收集点 i 处的废旧品数量，$i\in N$；

Q_{if}——非联盟企业预送往收集点 i 处的废旧品数量，$i\in N$；

O_i——车辆 k 从处理中心 C 处装载的再制造新品总重量，$i\in N$；

P_0——车辆 k 离开联合再制造中心后的运载重量；

V_0——车辆 k 离开联合再制造中心后的体积；

P_i——车辆 k 离开收集点 i 后的载货重量，$i \in N$；
V_{pi}——车辆 k 离开收集点 i 后的体积，$i \in N$；
P_j——车辆 k 离开收集点 j 后的载货量，$i \in N$；
V_{pj}——车辆 k 离开收集点 j 后的体积，$i \in N$；
D_i——集点 i 需要运送的新品重量，$j \in N$；
V_{ii}——集点 i 需要运送的新品体积，$j \in N$；
Q_{Li}——集点 i 需要回收的联盟企业废旧品重量，$i \in N$；
V_{Li}——集点 i 需要回收的联盟企业废旧品体积，$i \in N$；
Q_{FLi}——集点 i 需要回收的非联盟企业废旧品重量，$i \in N$；
V_{FLi}——集点 i 需要回收的非联盟企业废旧品体积，$i \in N$；
(j 点联盟企业与非联盟企业的废旧产品数量与体积仅需将符号下标 i 替换为 j)；
C_{ybt}——消费者主动运送废旧品至收集点处的单位产品运输补贴金额；
C_{cbt}——联盟与非联盟企业单位产品拆卸补贴金额；
tc——单位产品运输成本；
tg——交通运输收费；
c_{cs}——处理中心建立成本；
C_{ff}——非联盟企业再制造新品库存成本；
L_{zx}——处理中心到联合再制造中心的距离；
L_{zi}——联合再制造中心到各个收集点的距离；
L_{ij}——收集点之间的距离/处理中心之间距离；
cap_{zx}——联合再制造中心最大库存容量；

$$C_1 = C_{ybt} \cdot \sum_{i=1}^{N} (Q_{if} + Q_{il}) \tag{4.10}$$

C_1——各个收集点的联盟企业废旧品与非联盟企业废旧品运输补贴总金额；

$$C_2 = C_{cbt} \cdot \sum_{i=1}^{N} (Q_{if} + Q_{il}) \tag{4.11}$$

C_2——联盟企业废旧品与非联盟企业对废旧品进行拆卸的补贴总金额；

$$C_3 = \sum_{k=1}^{V} \sum_{i=1}^{N'} X_{kzi} \cdot L_{zx} \cdot (tg + tc) \tag{4.12}$$

C_3——车辆 k 从联合再制造中心 z 到处理中心 i 的运输成本；

$$C_4 = \sum_{k=1}^{V} \sum_{i=1}^{N'} \sum_{j=1}^{N'} X_{kij} \cdot O_i \cdot L_{ij} \cdot (tg + tc) \tag{4.13}$$

C_4——车辆 k 在处理中心之间装载新品的运输成本；

$$C_5 = \sum_{k=1}^{V}\sum_{j=1}^{N'} X_{kjz} \cdot O_i \cdot L_{zx} \cdot (tg + tc) \tag{4.14}$$

C_5——车辆 k 装载新品后首先到返回联合再制造中心 z 的运输成本；

$$C_6 = \sum_{k=1}^{V}\sum_{i=1}^{N} X_{kiz} P_0 \cdot L_{zi} \cdot (tg + tc) \tag{4.15}$$

C_6——车辆 k 从处理中心 z 首先到 i 收集点的运输成本；

$$C_7 = \sum_{k=1}^{V}\sum_{i=1}^{N}\sum_{j=1}^{N} X_{kij} \cdot (P_i - D_j + Q_{\mathrm{L}j} + Q_{\mathrm{LF}j}) \cdot L_{ij} \cdot (tg + tc) \tag{4.16}$$

C_7——车辆 k 在收集点之间运送新品与回收废旧品的运输成本；

$$C_8 = \sum_{k=1}^{V}\sum_{j=1}^{N} X_{kjz} \cdot \sum_{i=1}^{N} (Q_{\mathrm{L}j} + Q_{\mathrm{LF}j}) \cdot L_{jz} \cdot (tg + tc) \tag{4.17}$$

C_8——车辆 k 在新品运送与废旧品运输完成后返回处理中心 z 的运输成本；

$$C_9 = c_{\mathrm{cs}} \cdot \sum_{x=1}^{n} C_x \tag{4.18}$$

C_9——处理中心建造总成本；

$$C_{10} = C_{\mathrm{ff}} \cdot \sum_{i=1}^{N} Q_{i\mathrm{f}} \tag{4.19}$$

C_{10}——非联盟企业废旧品库存成本。

建立模型：

$$\min D = C_1 + C_2 + C_3 + C_4 + C_5 + C_6 + C_7 + C_8 + C_9 + C_{10} \tag{4.20}$$

$$\begin{aligned}\min D = {} & C_{\mathrm{ybt}} \cdot \sum_{i=1}^{N} (Q_{i\mathrm{f}} + Q_{i\mathrm{l}}) + C_{\mathrm{cbt}} \cdot \sum_{i=1}^{N} (Q_{i\mathrm{f}} + Q_{i\mathrm{l}}) + \sum_{k=1}^{V}\sum_{i=1}^{N'} X_{kzi} \cdot L_{zx} \cdot \\ & (tg + tc) + \sum_{k=1}^{V}\sum_{i=1}^{N'}\sum_{j=1}^{N'} X_{kij} \cdot O_i . L_{ij} \cdot (tg + tc) + \sum_{k=1}^{V}\sum_{j=1}^{N'} X_{kjz} \cdot O_i . L_{zx} \cdot (tg + tc) + \\ & \sum_{k=1}^{V}\sum_{i=1}^{N} X_{kiz} P_0 . L_{zi} \cdot (tg + tc) + \sum_{k=1}^{V}\sum_{i=1}^{N}\sum_{j=1}^{N} X_{kij} \cdot (P_i - D_j + Q_{\mathrm{L}j} + Q_{\mathrm{LF}j}) \cdot L_{ij} \cdot \\ & (tg + tc) + \sum_{k=1}^{V}\sum_{j=1}^{N} X_{kjz} \cdot \sum_{i=1}^{N} (Q_{\mathrm{L}j} + Q_{\mathrm{LF}j}) \cdot L_{jz} \cdot (tg + tc) + c_{\mathrm{cs}} \cdot \sum_{x=1}^{n} C_x + C_{\mathrm{ff}} \cdot \sum_{i=1}^{N} Q_{i\mathrm{f}}\end{aligned} \tag{4.21}$$

$$\begin{cases} X_{kzx} = 1 \\ X_{kzx} = 0 \end{cases} \tag{4.22}$$

式（4.22）表示车辆 k 是否从联合再制造中心 z 到处理中心 i，是为 1，否为 0；

$$\begin{cases} X_{kij} = 1 \\ X_{kij} = 0 \end{cases} \tag{4.23}$$

式（4.23）表示车辆 k 是否从处理中心 i 到处理中心 j，是为1，否为0；

$$\begin{cases} X_{kjz}=1 \\ X_{kjz}=0 \end{cases} \tag{4.24}$$

式（4.24）表示车辆 k 是否从处理中心 j 到联合再制造中心 z，是为1，否为0；

$$\begin{cases} X_{kjz}=1 \\ X_{kjz}=0 \end{cases} \tag{4.25}$$

式（4.25）表示车辆 k 是否从联合再制造中心 z 到处理中心 i，是为1，否为0；

$$\begin{cases} X_{kij}=1 \\ X_{kij}=0 \end{cases} \tag{4.26}$$

式（4.26）表示车辆 k 是否从收集点 i 到收集点 j，是为1，否为0；

$$\begin{cases} X_{kjz}=1 \\ X_{kjz}=0 \end{cases} \tag{4.27}$$

式（4.27）表示车辆 k 是否从收集点 j 到联合再制造中心 z，是为1，否为0；

$$\sum_{k=1}^{V}\sum_{i=1}^{N'} X_{kij}O_i = \sum_{i=1}^{N} D_i \tag{4.28}$$

$$\sum_{k=1}^{V}\sum_{i=1}^{N'} X_{kij}P_0 = \sum_{i=1}^{N} D_i \tag{4.29}$$

$$P_i = P_0 - D_i + Q_{Li} + Q_{FLi} \tag{4.30}$$

$$V_{pi} = V_0 - V_{ii} + V_{Li} + V_{FLi} \tag{4.31}$$

$$P_j = P_i - D_j + Q_{Lj} + Q_{FLj} \tag{4.32}$$

$$V_{pj} = V_{pi} - V_{jj} + V_{Lj} + V_{FLj} \tag{4.33}$$

$$V_0 \leqslant W,\ V_{ii} \leqslant W,\ V_{Li} \leqslant W,\ V_{FLi} \leqslant W \tag{4.34}$$

$$P_0 \leqslant U,\ D_i \leqslant U,\ Q_{Li} \leqslant U,\ Q_{FLi} \leqslant U \tag{4.35}$$

$$P_i \leqslant U,\ P_j \leqslant U \tag{4.36}$$

$$V_{pi} \leqslant W,\ V_{pj} \leqslant W \tag{4.37}$$

$$Q_{Lj} + Q_{LFj} \leqslant U \tag{4.38}$$

$$V_{Lj} + V_{LFj} \leqslant W \tag{4.39}$$

$$cap_{zx} \geqslant \sum_{i=1}^{N'} O_i \tag{4.40}$$

$$cap_{zx} \geqslant \sum_{i=1}^{N} (Q_{Li} + Q_{LFi}) \tag{4.41}$$

$$C_x \geqslant 0 \tag{4.42}$$

$$\sum_{k=1}^{V} \sum_{i=1}^{N'} X_{kzi} = \sum_{k=1}^{V} \sum_{j=1}^{N'} X_{kjz} \leqslant k \tag{4.43}$$

$$\sum_{k=1}^{V} \sum_{i=0}^{N'} X_{kij} = 1, \forall j = 1,2,\cdots,N' \tag{4.44}$$

$$\sum_{k=1}^{V} \sum_{j=0}^{N'} X_{kij} = 1, \forall j = 1,2,\cdots,N' \tag{4.45}$$

$$\sum_{i \in N'} \sum_{j \in N'} X_{kij} \geqslant 1, \forall N' \subseteq \{1,2,\cdots,n\}, k = 1,2,\cdots,V \tag{4.46}$$

$$\sum_{k=1}^{V} \sum_{i=1}^{N} X_{kiz} = \sum_{k=1}^{V} \sum_{j=1}^{N} X_{kjz} \leqslant 1 \tag{4.47}$$

$$\sum_{k=1}^{V} \sum_{i=0}^{N} X_{kij} = 1, \forall j = 1,2,\cdots,N \tag{4.48}$$

$$\sum_{k=1}^{V} \sum_{j=0}^{N} X_{kij} = 1, \forall j = 1,2,\cdots,N \tag{4.49}$$

$$\sum_{i \in N'} \sum_{j \in N'} X_{kij} \geqslant 1, \forall N' \subseteq \{1,2,\cdots,n\}, k = 1,2,\cdots,V \tag{4.50}$$

式（4.28）、式（4.29）表示处理中心的再制造新品总量等于各个收集点处对再制造新品的需求量的和。式（4.30）~式（4.33）表示车辆 k 离开收集点 i 和收集点 j 时的载重和车辆容积不得超过车辆载重和容积的最大值。式（4.34）~式（4.39）表示表示车辆 k 与收集点处的重量与体积约束。式（4.40）、式（4.41）表示回收的废旧产品总量与新品总量分别不超过联合再制造中心最大库存量。式（4.42）表示处理中心数量必须大于零，且不超过备选处理中心数目。式（4.43）~式（4.50）表示车辆从联合再制造中心出发再返回联合再制造中心，并且各个处理中心被同一车辆访问一次且最多一次，访问处理中心不超过 k 辆车。

4.4.3 算法求解

粒子群（PSO）作为一种群搜索算法，可以将种群中的个体视为寻优空间中一个无质量、无体积的粒子，以一定的速度在空间内飞行，并对环境进行学习和调整，依据对个体、群体飞行经验的综合分析动态对飞行速度进行调整，群内粒子逐步移动至搜索空间内更好的区域[140]。粒子所处位置代表了问题的可能解，每个粒子都拥有一个适应度值，并且各个粒子由某个速度决定其飞行信息，使粒子追寻目前最优粒子的空间搜索。粒子群算法将一对粒子随机初始化后求得最优解。种群中的粒子位置使用多维空间中一点进行表示，速度则使用一个向量进行表示。假定空间维度是 n，那么对第 k 个粒子进行 t 次迭代的位置 $X_k^t = [X_{k1}^t, X_{k2}^t, \cdots, X_{kn}^t]$，速度表示为 $V_k^t = [V_{k1}^t, V_{k2}^t, \cdots, V_{kn}^t]$。迭代过程中，粒子会对两个极致进行跟踪后更新，其中一个为粒子搜索到的最优解，另一个为种群找到的最优解，前者称为 $p_{\text{best}}(p_k^t)$，后者称为 $g_{\text{best}}(g_k^t)$；将两者在多维空间中表示出来：$p_k^t = [p_{k1}^t, p_{k2}^t, \cdots, p_{kn}^t]$，$g_k^t = [g_{k1}^t, g_{k2}^t, \cdots, g_{kn}^t]$。

粒子可通过以下公式对第 $t+1$ 次迭代速度与位置进行更新：

$$V_{kj}^{t+1} = \varphi \times V_{kj}^t + c_1\gamma_1(p_{kj}^{t+1} - X_{kj}^{t+1}) + c_2\gamma_2(g_{kj}^t - X_{kj}^t) \tag{4.51}$$

$$X_{kj}^{t+1} = X_{kj}^t + V_{kj}^{t+1} \tag{4.52}$$

式（4.52）中 X_{kj}^{t+1}、X_{kj}^t分别表示粒子经第 $t+1$ 次和第 t 次迭代后在空间上的位置，V_{kj}^{t+1}、V_{kj}^t表示粒子经第 $t+1$ 次和第 t 次迭代后在空间上的速度，p_{kj}^t表示经过第 t 次迭代第 k 个粒子位于 j 维空间中的最优解，g_{kj}^t为整个种群最优解。φ 表示惯性权重，γ_1、γ_2 表示[0，1]分布中的随机数，c_1、c_2 表示自我认识与社会学习因子。从式（4.51）看出，下一次迭代都会考虑上一次迭代信息。POS 算法步骤如下。

（1）初始化

迭代次数从 0 开始，在一定范围随机得到 pop_{size}个粒子的位置、速度[136]。首先将各个粒子在当前的位置设置为该粒子的最好位置 p_{best}，进而求得各个粒子最好位置对应的使用度值；选择粒子最优值为种群全局的极值，记录选取的粒子的序号，并将粒子位置设置为种群极值粒子位置。

（2）评价使用度值

初始化后计算飞行粒子使用度值，假如比粒子目前个体极值优，则应更新个体极值，并同时对其位置进行更新。假如全部粒子个体极值出现比目前种群更优的全局极值，那么应对全局极值以及位置进行更新。

（3）速度更新

利用式（4.51）与式（4.52）对种群内各个粒子的速度、位置更新。

（4）判断条件满足与否

假如满足条件，那么终止迭代，输出最优解；否则跳转到步骤 2。当迭代次数最大、满足最小偏差要求、使用了最大计算时间、迭代一定次数且全局极值没有连续更新，那么终止迭代。

粒子群算法早期是对连续优化问题进行求解的，连续函数其速度等变量均连续，对应运算也是连续的。然而现实中一些问题是离散问题，变量有限，因此应将粒子群算法在二进制的空间扩展，构建离散型的粒子群模型。

文献［141］针对0~1规划的二进制粒子群算法(Binary PSO，BPSO)使用二进制的超立体空间，种群中的各个粒子使用二进制变量来表示，并利用该变量的部分位在[0，1]间翻转实现粒子的移动，其速度更新公式：

$$V_{kj} = V_{kj} + \phi(p_{kj} - X_{kj}) + \phi(p_{gj} - X_{kj}) \tag{4.53}$$

式子（4.53）中 X_{kj} 为粒子位置，V_{kj} 为位置变化率，其值处于0~1，ϕ 为一个常数，称为学习因子，p_{kj}、p_{gj} 表示粒子局部最优与全局的最优位置。其中 X_{kj}、p_{kj}、p_{gj} 只能为0或者1，粒子位置更新公式如下：

$$\begin{cases} x_{ij} = 1，如果\ \text{rand}\ ( ) < sig(v_{kj}) \\ x_{ij} = 0，其他 \end{cases} \tag{4.54}$$

$$sig(v_{kj}) = \frac{1}{1 + \exp(-v_{kj})} \tag{4.55}$$

$sig(v_{kj})$为转换限制函数，可以保证 x_{kj} 任何一个分量都位于[0，1]中，rand( )为[0，1]中的随机数。v_{kj} 越大，x_{kj} 选1概率增大，v_{kj} 越小，x_{kj} 选0概率增大。

将解方案表示为二进制数，由于决策变量均为0或者1，因此可以将各个决策变量直接组合，组成一个解方案，即粒子群中的一个粒子。

粒子群算法存在着两种缺陷：易早熟，收敛速度慢。针对车辆运输路径问题，文献［136］提出将PSO算法和变邻域搜索算法进行融合，得到一种混合离散PSO算法，将初始种群改良的同时带入遗传操作因子，并对极值更新。

对应的算法流程图如图4.11所示。

Step1：初始化粒子种群中粒子 V_{kj}、X_{kj}；

Step2：计算这些粒子适应度值；

Step3：获取每个粒子的个体最优值 p_{kj} 和全局最优值 p_{gj}，其中 $1 < j < k$；

Step4：利用：$V_{kj} = V_{kj} + \phi(p_{kj} - X_{kj}) + \phi(p_{gj} - X_{kj})$更新粒子速度；

Step5：利用$\begin{cases} X_{ij} = 1，如果\ \text{rand}\ ( ) < sig(V_{ij}) \\ X_{ij} = 0，其他 \end{cases}$，其中 $1 < j < k$，更新粒子位置；

Step6：判断，如果满足，判断是否满足结束条件，不满足，返回Step3，重新计算每个粒子的个体最优值 p_{kj} 和全局最优值 p_{gj}；

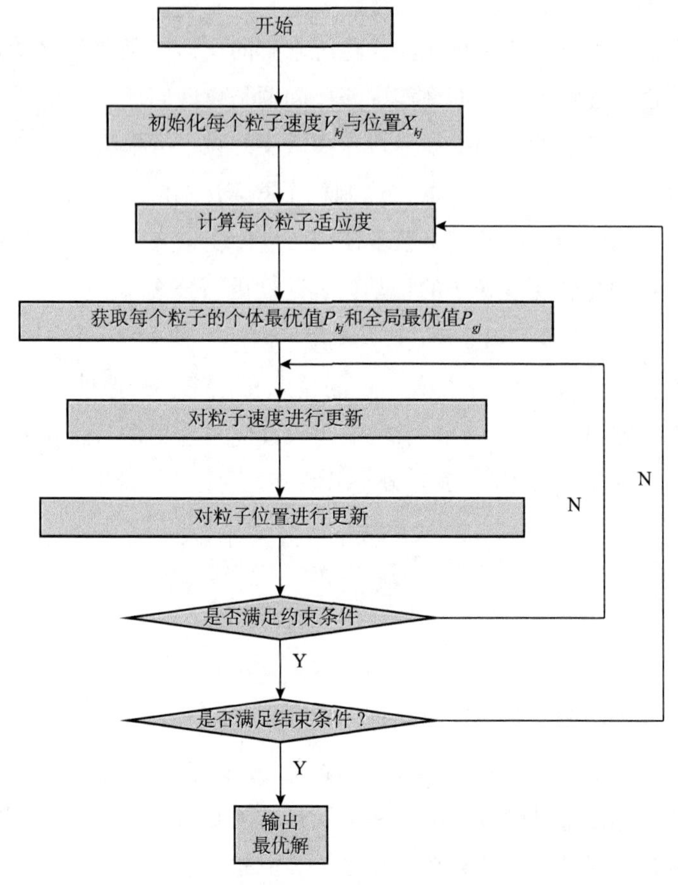

图 4.11　算法流程图

Step7：如果不满足结束条件则返回 Step2，计算每个粒子的适应度值，如果 Step6 满足约束条件，且满足结束条件，则输出最优解，运算结束。

4.4.4　实例验证与分析

在国内食品机械生产较为密集的区域，选取一片 140km × 100km 矩形区域，在该区域内，由一个大型食品企业牵头，若干中型食品机械企业参与联合再制造企业，该联合再制造企业配有 1 个联合再制造中心，在联合再制造中心处配有若干辆货车，每辆货车的承载能力为 10t，容积为 $20m^3$，联合再制造中心坐标为［80，60］，联合再制造企业共设立 30 个收集点，备选处理中心 10 个，要求选择 7 个处理中心，使其能够为联合再制造企业提供联盟企业再制造新品的生产，并在满足需求与约束的前提下使得系统成本最优。部分参数取值如下所示：表 4.1

为收集点坐标；表4.2为备选处理中心坐标；表4.3为需要运送的新品数量，以及需要回收的联盟企业与非联盟企业废旧品数量；表4.4为需要运送的新品重量，以及需要回收的联盟企业与非联盟企业废旧品重量；表4.5为需要运送的新品体积，以及需要回收的联盟企业与非联盟企业废旧品体积。数值参考论文[139]并做适当修改与删减。在联合再制造中心以外设立若干处理中心，多个处理中心同时运行，可大幅度提高再制造生产效率。联合再制造中心对联盟企业与非联盟企业的废旧品进行定时回收，在消费者集中处设立收集点，消费者主动将废旧品进行拆卸，并运送至收集点。车辆每次从联合再制造中心出发，首先对处理中心的联盟企业再制造新品进行收集，之后返回联合再制造中心进行车辆登记，再依次对各个收集点进行新品运送与废旧品回收活动，回收活动结束之后，车辆返回联合再制造中心。其他参数数值取值为：

U——车辆承载能力10t；

W——车辆容积$20m^3$；

η_l——联盟企业拆卸率为0.8；

η_{fl}——非联盟企业拆卸率为0.7；

$\tilde{R}_{ql}$——联盟企业单位产品容积为$0.2m^3$；

$\tilde{R}_{qf}$——非联盟企业单位产品容积为$0.2m^3$；

$\tilde{R}_L$——联盟企业零部件容积为$0.1m^3$；

$\tilde{R}_f$——非联盟企业零部件容积为$0.1m^3$；

U_l——联盟企业废旧品所含核心零部件数量为2；

U_f——非联盟企业废旧品所含核心零部件数量为2；

tc——单位产品运输成本1元/（t·km）；

tg——单位距离运输成本1.5元/km；

cap_{zx}——处理中心最大吞吐量3000t；

c_{cs}——处理中心建造成本10000元/个；

C_{cbt}——联盟与非联盟企业运输补贴成本，1元/件；

C_{ybt}——联盟与非联盟企业拆卸补贴成本，1元/件；

C_{ff}——非联盟企业再制造新品库存成本30/t；

Z——联合再制造中心z坐标［80，60］；

V——车辆k辆；

C_x——备选处理中心10个。

表 4.1　收集点坐标

收集点	坐标/km	收集点	坐标/km
1	[30, 30]	16	[37, 75]
2	[16, 30]	17	[65, 93]
3	[20, 46]	18	[66, 109]
4	[37, 13]	19	[27, 90]
5	[71, 19]	20	[37, 92]
6	[30, 45]	21	[14, 37]
7	[22, 67]	22	[26, 87]
8	[60, 7]	23	[23, 82]
9	[27, 110]	24	[18, 22]
10	[37, 19]	25	[37, 60]
11	[32, 117]	26	[17, 97]
12	[30, 7]	27	[45, 105]
13	[52, 15]	28	[30, 70]
14	[72, 105]	29	[14, 55]
15	[60, 90]	30	[30, 60]

表 4.2　备选处理中心坐标

处理中心	坐标/km	处理中心	坐标/km
1	[90, 60]	6	[94, 55]
2	[86, 65]	7	[92, 53]
3	[83, 58]	8	[97, 55]
4	[88, 58]	9	[93, 57]
5	[85, 52]	10	[95, 60]

表 4.3　需要回收与运输的废旧品与新品数量　件

收集点	联盟/非联盟废旧品 Q_{il}/Q_{if}	联盟产品需求 M_{li}^*	收集点	联盟/非联盟废旧品 Q_{il}/Q_{if}	联盟产品需求 M_{li}^*
1	[5, 6]	12	5	[3, 1]	5
2	[4, 3]	8	6	[4, 2]	7
3	[2, 4]	9	7	[3, 2]	9
4	[5, 1]	7	8	[5, 1]	10

续表

收集点	联盟/非联盟废旧品 Q_{il}/Q_{if}	联盟产品需求 M_{li}^*	收集点	联盟/非联盟废旧品 Q_{il}/Q_{if}	联盟产品需求 M_{li}^*
9	[3, 3]	9	20	[5, 1]	9
10	[2, 2]	8	21	[3, 3]	8
11	[4, 1]	7	22	[5, 1]	9
12	[4, 2]	9	23	[3, 1]	7
13	[1, 2]	6	24	[4, 2]	7
14	[2, 4]	8	25	[5, 6]	13
15	[3, 4]	9	26	[3, 4]	9
16	[2, 2]	7	27	[1, 2]	6
17	[3, 4]	9	28	[4, 2]	8
18	[2, 5]	10	29	[3, 4]	9
19	[6, 2]	12	30	[4, 1]	8

表 4.4　需要回收与运输的废旧品与新品重量 t

收集点	联盟/非联盟废旧品 Q_{il}/Q_{if}	联盟产品需求 M_{li}^*	收集点	联盟/非联盟废旧品 Q_{il}/Q_{if}	联盟产品需求 M_{li}^*
1	[5, 6]	12	16	[2, 2]	7
2	[4, 3]	8	17	[3, 4]	9
3	[2, 4]	9	18	[2, 5]	10
4	[5, 1]	7	19	[6, 2]	12
5	[3, 1]	5	20	[5, 1]	9
6	[4, 2]	7	21	[3, 3]	8
7	[3, 2]	9	22	[5, 1]	9
8	[5, 1]	10	23	[3, 1]	7
9	[3, 3]	9	24	[4, 2]	7
10	[2, 2]	8	25	[5, 6]	13
11	[4, 1]	7	26	[3, 4]	9
12	[4, 2]	9	27	[1, 2]	6
13	[1, 2]	6	28	[4, 2]	8
14	[2, 4]	8	29	[3, 4]	9
15	[3, 4]	9	30	[4, 1]	8

表 4.5　需要回收与运输的废旧品与新品体积

收集点	联盟/非联盟废旧零件 $\eta_1 Q_{i1}/\eta_{f1} Q_{if}$	总体积 V_i/m^3	新品总体积 V_{ii}/m^3	收集点	联盟/非联盟废旧零件 $\eta_1 Q_{i1}/\eta_{f1} Q_{if}$	总体积 V_i/m^3	新品总体积 V_{ii}/m^3
1	[8, 8]	1.6	2.4	16	[3, 3]	0.6	1.4
2	[9, 4]	1.3	1.6	17	[5, 6]	1.1	1.8
3	[3, 6]	0.9	1.8	18	[3, 7]	1.0	2.0
4	[8, 1]	0.9	1.4	19	[10, 3]	1.3	2.4
5	[5, 1]	0.6	1.0	20	[8, 1]	0.9	1.8
6	[6, 3]	0.9	1.4	21	[5, 4]	0.9	1.6
7	[5, 3]	0.8	1.8	22	[8, 1]	0.9	1.8
8	[8, 1]	0.9	2.0	23	[5, 1]	0.6	1.4
9	[5, 4]	0.9	1.8	24	[6, 3]	0.9	1.4
10	[3, 3]	0.6	1.6	25	[8, 8]	1.6	2.6
11	[6, 1]	0.7	1.4	26	[5, 6]	1.1	1.8
12	[6, 3]	0.9	1.8	27	[2, 3]	0.3	1.2
13	[2, 3]	0.5	1.2	28	[6, 3]	0.9	1.6
14	[3, 6]	0.9	1.6	29	[5, 6]	1.1	1.8
15	[5, 6]	1.1	1.8	30	[6, 1]	0.7	1.6

对粒子群算法改进，改进后的粒子群算法得到了最优解，收敛速度较快，算法收敛结果如图 4.12 所示。

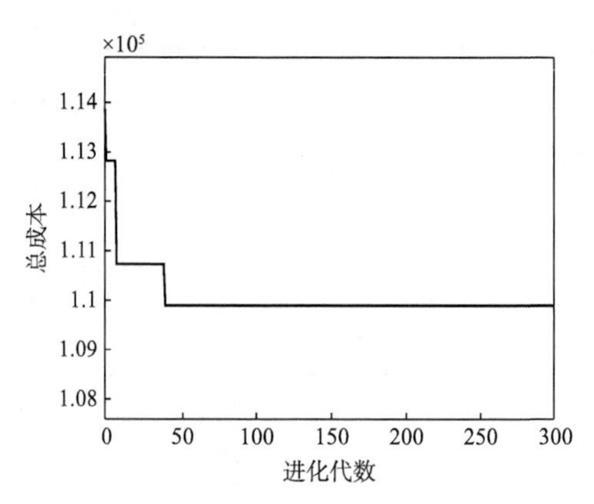

图 4.12　算法最优值收敛曲线

收集点、联合再制造中心与备选处理中心坐标分布如图 4. 13 所示。优化后的车辆运输路径如图 4. 14 所示。

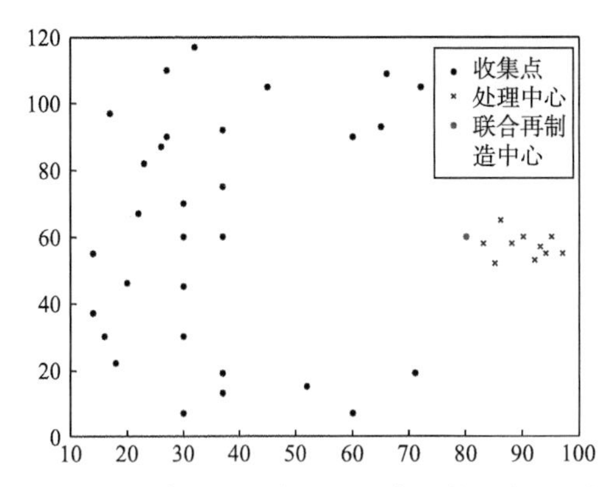

图 4. 13　收集点、备选处理中心、联合再制造中心坐标分布图

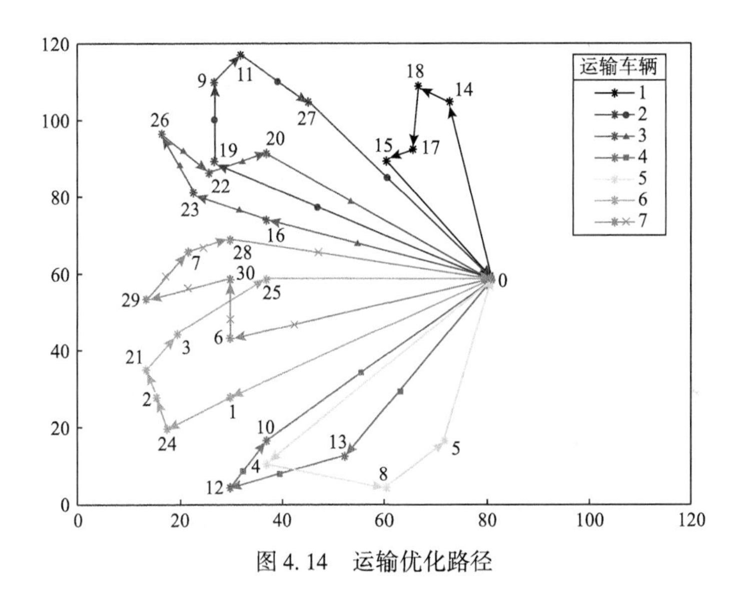

图 4. 14　运输优化路径

表 4. 6 所示为参与运输的车辆数目、每辆车的运输路径、对应收集点以及行驶里程。

表 4. 6　优化配送路径

运输车辆	行驶路径	行驶里程
1	0 – 14 – 18 – 17 – 15 – 0	109
2	0 – 19 – 9 – 11 – 27 – 0	143
3	0 – 16 – 23 – 26 – 22 – 20 – 0	146

续表

运输车辆	行驶路径	行驶里程
4	0 - 13 - 12 - 10 - 0	144
5	0 - 4 - 8 - 5 - 0	141
6	0 - 1 - 24 - 2 - 21 - 3 - 25 - 0	151
7	0 - 6 - 30 - 29 - 7 - 28 - 0	150
参与运输总车辆数目	7	
运输总路程		984

处理中心选择 1、2、3、4、5、7、9 共计 7 个，每个处理中心需联合再制造中心配备 1 辆车对处理中心的再制造新品进行运输，联合再制造中心距 7 个处理中心的距离为：5km、12km、8km、13km、17km、18km、18km。运输总里程为 1075km。模型总成本为 109860.05 元。图 4.15 所示为运输成本随补贴金额的变化曲线。

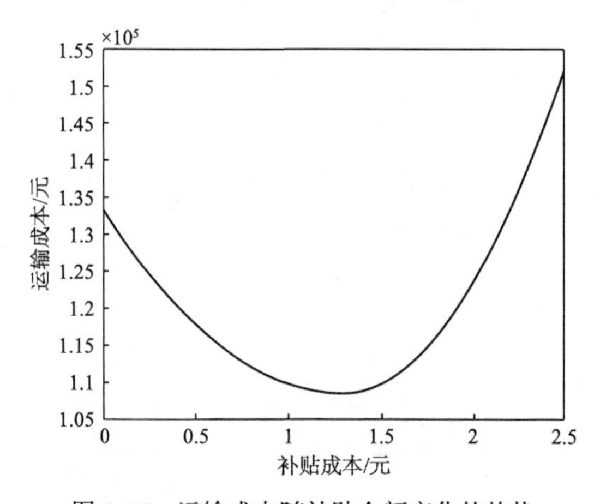

图 4.15　运输成本随补贴金额变化的趋势

在 SOMEJR 模式下的运输网络优化中，联合再制造企业向主动将废旧产品运送回收集点的消费者提供一定经济补偿。运输补偿直接影响非联盟企业主动参与再制造的积极性。当补贴成本过高，非联盟企业废旧产品回收数量增加导致库存溢出，运输成本增加；补贴成本过低，不但影响非联盟企业主动参与再制造积极性，使废旧产品回收量减少，影响企业利润，还会使车辆运输过程中不能满载，导致运输成本升高。因此非联盟企业运输补贴金额对 SOMEJR 模式下的运输网络成本优化与企业利润有直接影响，联盟企业废旧产品回收数量固定，不受运输补贴金额的影响。解得当补贴金额为 1.3 元/件时，非联盟企业运输成本最优，运输总成本为104542元。

本章针对SOMEJR模式下的运输优化网络优化问题进行研究。分析了运输网络设计影响因素；并提出消费者参与制，规定消费者必须主动参与废旧品回收中，建立了消费者参与制下的运输网络拓扑结构，并建立了基于SOMEJR模式的消费者参与制下的运输网络数学模型；使用改进粒子群算法对模型进行求解，确定了运输网络中参与运输的车辆数目、车辆最优运输路径以及处理中心坐标，求得整个模型的最优运输成本；最后分析了补贴成本对运输成本的影响，补贴成本过高使运输成本增加，而补贴成本过低会导致消费者参与积极性下降，当补贴金额为1.3元/件时，非联盟企业运输成本最优；通过实例分析验证了模型的可行性和实用价值；最后对消费者运输补贴金额对整个模型成本的影响进行了分析，得到了使整个模型解最优的消费者运输补贴金额。

5　SOMEJR 模式下的主生产计划

生产计划是企业在计划周期内完成的产品质量、数目、种类与产值、生产的进程以及相应规划。一套完整的生产计划可以使企业库存始终保持在最低值，最大程度降低库存成本；也可使企业的物料资源以及人力资源最优化，始终保持在平衡状态；企业生产计划还可以降低企业的生产成本，提升企业的服务品质，使产品能够及时、准确地送至消费者手中，缩短提前期，减少客户等待时间；最后，企业生产计划能够使数据信息进行共享，实现企业生产自动化，完善整个企业的管理，增加企业资金的流动，使资金周转加速，在提高产品质量的同时提高企业员工的效率[142]。

企业生产计划首先应对市场需求进行预测与分析，根据企业自身的生产能力来制定。在制定生产计划的同时还应综合考虑多种因素，例如：产品品种、生产线的生产速度、人工操作情况、设备运行情况以及原材料库存情况等。完成对市场的预测之后接受客户订单，这时便要制定生产计划下达任务并安排生产。由于市场需求的不断变化，所以企业在制定生产计划时应该随时做出调整。

传统的生产计划包括制定生产计划之前的准备工作，例如：市场调查、企业发展规划与战略、企业自身生产力估算、各项计划指标的确定，即在满足市场需求且企业资源得到充分利用，利润有所保证的基础上确定企业在计划期内实现的各种生产指标与生产能力估算，通过对企业生产能力的估算使企业资源得到充分利用，保证生产与需求的平衡。在保证产品质量的前提下，制定相应的生产计划提高生产速度，实现利润最大化[143]。

5.1　再制造生产计划内涵

再制造系统的生产计划与传统系统的生产计划既有相似之处，又有很大的区别，两者的相似之处在于将资源利用一定途径转变为有价值的产品的过程。它们的区别在于：再制造系统需要对废旧品进行拆卸、检测与清洗等。废旧品的回收、拆卸等又给再制造系统增加了很多不确定因素，使整个系统相比传统系统复杂了许多。再制造生产计划囊括了：再制造车间调度计划、再制造主生产计划、再制造物料需求计划、再制造细能力计划，以及再制造综合生产计划[144]。

图 5.1 为再制造系统下的生产计划组成。

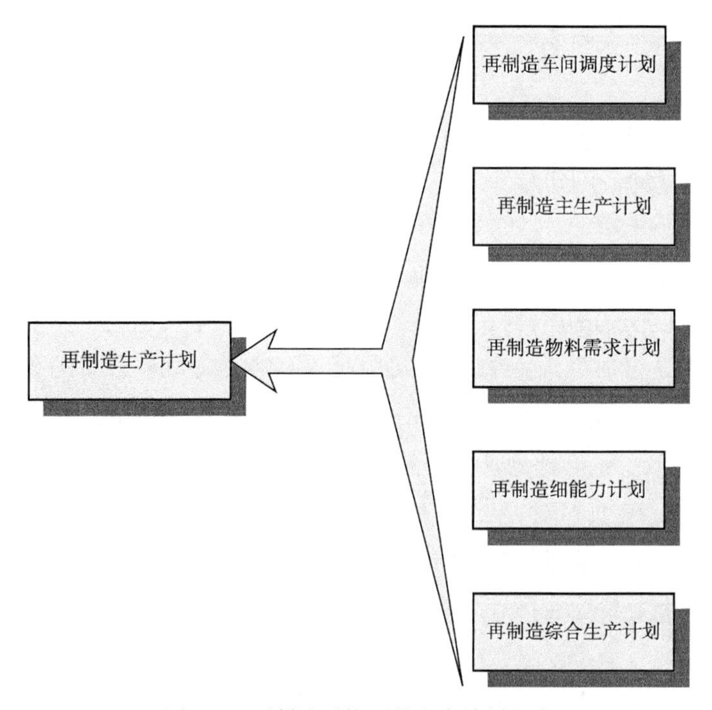

图 5.1 再制造系统下的生产计划组成

（1）再制造综合生产计划。再制造综合生产计划是企业在生产经营中的指导性文件，为制定相关中期或短期计划提供基础。企业对市场相关数据的预测包含：产品需求量、废旧品回收量、客户下订单量以及企业库存量、成本等信息的预测。再制造系统存在诸多不确定因素，例如：回收废旧品的质量、回收数量、回收周期以及废旧品拆卸过程中的一些不确定性。废旧品的回收数量预测直接影响企业的计划定制。此外，再制造系统中外部市场的需求量是随机的，所以再制造生产的动态性相比其他系统较高。再制造系统综合生产计划可以转变成随机性综合生产计划问题[145]。

（2）再制造物料需求计划。再制造物料需求计划是根据对市场的销售预测以及定货量情况来制定再制造主生产计划，再将再制造产品需求量分解为零部件需求计划，采购部门对所需原材料进行采购，然后生产部门进行再制造生产装配。用于再制造的物料流一部分是从原材料供应商处采购来的新零部件，另一部分从废旧品拆卸得的零部件[146]。

（3）再制造细能力计划。再制造能力需求计划是连接再制造系统生产计划和生产资源的桥梁。碍于再制造车间生产设备产能、总体生产能力和其他再制造资源约束，再制造能力有限是亟待解决的问题，以此来消除再制造生产过程中产生的偏差。

（4）再制造车间调度计划。车间调度指依据企业生产计划，在符合要求的生产约束的前提下，对生产作业、工艺路线和车间中的其他设备以及资源进行合理安排，令制造系统的性能达到最优。传统的车间调度问题包含了作业车间调度以及流水车间的调度问题。经典车间调度问题发展为柔性作业车间调度问题，它涵盖了经典调度问题的所有特征，在此基础上增加了系统柔性。例如，工件可以在多台机器上进行加工，一台设备可加工多种工件，即加工设备的柔性化。车间调度问题已经被证明是 NP（Non-deterministic Polynomial）问题。

（5）再制造主生产计划。再制造系统主生产计划是指制定再制造系统中再制造品的品种、在什么时间生产何种产品等。再制造产品必须具体到产品的品种以及具体型号，并且有具体的时间段，通常以周作为时间段，它是独立的需求计划。主生产计划是综合生产计划到车间作业计划的过渡。

5.2 主生产计划的内涵

5.2.1 主生产计划的概念

面向服务的多企业联合再制造模式主要包括联盟企业与非联盟企业，在该模型下的主生产计划对两种性质的企业同时进行主生产计划制定。由于联盟企业的废旧品按照契约约定在规定时域内将废旧品送回联合再制造中心进行再制造生产，因此每个周期内联盟企业的废旧品回收量是已知并且确定的，经过再制造处理的联盟企业再制造产品由原逆向物流网络返回至原联盟企业处，因此对于市场需求量来说，联盟企业的需求量也是确定并已知的。由于没有合约约束，非联盟企业的废旧品回收数量以及市场需求量都是不确定的。在新零部件采购方面，联盟企业在最佳时域内对废旧品进行回收，设备运行状况相对确定，所以可大致确定新零部件的采购数量；而非联盟企业则无法准确预知。图 5. 2 是 SOMEJR 模式下的生产流程。

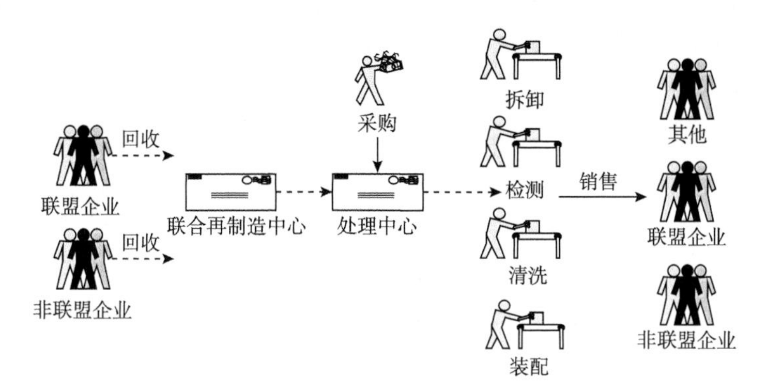

图 5. 2　SOMEJR 模式下的生产流程

5. 2. 2　SOMEJR 模式下主生产计划的特点

传统再制造主生产计划的影响因素主要包括：废旧品回收信息不明确、回收和需求之间的不平衡、再制造率的不明确、再制造时间的不明确[146]。

（1）废旧品回收不明确。回收不明确包括废旧品回收的数目不明确，质量不明确。

（2）回收和需求之间的不平衡。传统再制造中，废旧品回收与市场需求量之间失衡，当废旧品回收数量大于市场需求时，会出现供大于求的情况，造成库存积压；当废旧品回收数量小于市场需求时，会出现供不应求的情况。

（3）再制造率不明确。传统再制造在废旧品彻底报废之后进行回收，废旧品质量不稳定、拆卸不确定造成了再制造率的不确定。

（4）再制造时间不明确。再制造回收的废旧品质量不明确导致对废旧零部件进行再制造修复的困难程度不一，再制造时间无法准确预测，因此再制造时间也不确定。

SOMEJR 模式下主生产计划相比传统再制造模式下的主生产计划确定性更强，联盟企业在产品生产初期便对产品进行面向再制造设计，并且面向服务的前提下产品进入“浴盆曲线”第三阶段未报废之前便进行回收，因此毛坯质量相比传统回收模式下的质量更好，再制造率与再制造时间同样稳定；每周期内回收联盟企业的废旧品数量也因废旧品最佳回收时域的确定而变得稳定，市场预测与需求也相对稳定；面向再制造设计还体现在废旧品拆卸方面，减少了废旧品拆卸方面产生的不确定因素。非联盟企业的废旧品回收数量、质量以及拆卸状况与传统模式下的废旧品类似。整体来看，SOMEJR 模式下主生产计划确定性相对传统再制造模式较大。

SOMEJR 模式下主生产计划对联盟企业的废旧品进行再制造处理必须在一个周期内完成，并送回收集点等待原企业安排取回。当联盟企业再制造生产与非联盟企业再制造生产之间产生冲突时，优先安排联盟企业再制造生产。因此 SOMEJR 模式下主生产计划具有优先权。

SOMEJR 模式下主生产计划再制造原材料来源稳定且充足。用于再制造装配的新品零部件，包括联盟企业与非联盟企业均可在联合再制造中心采购。

5.3 SOMEJR 模式下主生产计划模型优化

5.3.1 主生产计划问题描述

面向再制造的多企业联合再制造模式下的主生产计划是描述再制造企业拥有可用于再制造的资源的条件下，在什么时段需要多少时间，生产出多少件再制造产品，它可以缩小回收的废旧品拆卸所得零部件数与再制造品需求数之间的差距。再制造主生产计划是再制造企业用来管理企业的一种手段，是沟通市场与企业的一个纽带，使不确定的再制造生产与变化多端的市场需求之间得以平衡；使企业资源与市场需求间达到平衡。再制造主生产计划的制定让企业可以合理规划再制造生产活动，并完善相应市场计划。主要实施内容包括以下几点。

（1）新品采购。废旧品经拆卸和检测之后，一部分报废的零部件需要采购新品来代替，每周期内采购新品数量的多少可影响整个系统生产计划成本。

（2）再制造修复。再制造过程是将回收来的废旧品经过拆卸、检测、清洗、修复等一系列程序之后装配得到再制造产品。在整个过程中，技术人员会根据不同质量的废旧零部件与不同形式的失效展开针对性修复，最大限度挖掘废旧品的剩余价值，减少再制造成本投入，这便需要对生产过程进行优化。

（3）直接重用。废旧品中的一些非核心零部件未出现磨损、疲劳断裂、腐蚀等情况，经检测和简单处理后可重新进入装配环节。

(4) 报废处理。已经彻底失去经济价值的报废零部件应进行绿色处理，使其不对环境构成威胁。目前报废零部件的主要处理方式有：机械处理、填埋处理、焚烧处理。

(5) 废旧品库存。对于联盟企业，每周期的回收数量与需求量确定，新零部件按照需求采购，完成再制造装配后即可安排车辆送往原收集点等待消费者取回，所以不产生库存。非联盟产品每周期的零部件与再制造新品会产生库存，如果当期将非联盟企业悉数送至销售中心处，联合再制造企业仅仅产生非联盟企业零部件库存[147]。

5.3.2 建立主生产计划优化模型

SOMEJR 模式下再制造企业承接联盟企业的产品回收再制造业务，也承接联盟企业以外的非联盟企业再制造业务。联盟企业废旧品经过再制造处理并装配、检测后，立即安排运输至消费者处，不进入再制造成品库；对于非联盟企业的废旧品，经过再制造处理并装配、检测后，运送至联合再制造企业的销售中心处等待销售，也可二次出售给原非联盟企业。本文所建立的模型中的生产计划分为两部分：一部分为联盟企业再制造产品；另一部分为非联盟企业的再制造产品。该再制造企业拥有多个收集点、一个联合再制造中心、多个处理中心（可以同时进行多种再制造工序)、若干销售中心。

联盟企业双方约定在产品达到最佳回收时域时对产品进行回收，回收数量确定，且拆卸所得可用废旧零部件多，因此拆卸率高，但非联盟企业未约定废旧品达到最佳回收时间内将废旧品送至收集点，因此废旧品回收数量不确定，且拆卸所得可用废旧零部件数量不及联盟企业，因此拆卸率低。拆卸后的废旧零部件需进行检测，报废的废旧零部件应进行绿色处理。联盟企业的再制造品需求量是一定的，而非联盟企业再制造品需求量不确定。建立 SOMEJR 模式主生产计划模型，使再制造企业的生产利润最大化，为优化目标建立模型。

SOMEJR 系统运行示意图如图 5.3 所示。

对 SOMEJR 模式主生产计划模型建立以下假设：

(1) 联盟企业废旧品回收量可预测；

(2) 非联盟企业废旧品回收量模糊；

(3) 联盟企业再制造品需求率可预测；

(4) 非联盟企业再制造品需求率模糊；

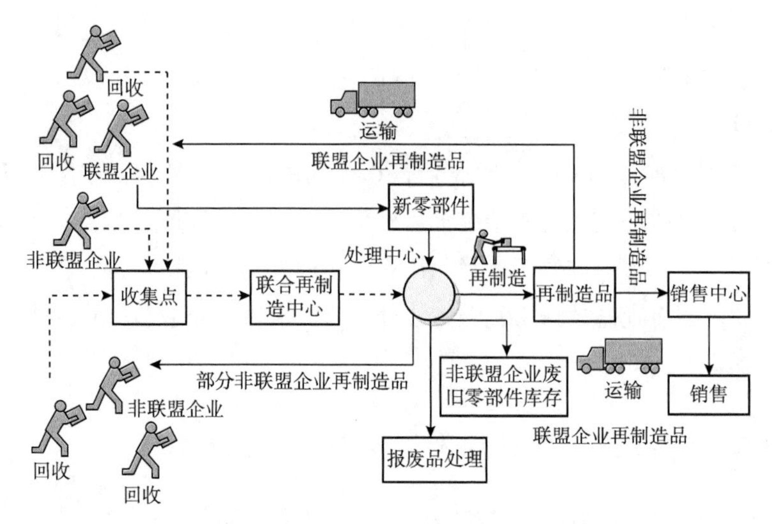

图 5.3　SOMEJR 系统运行示意图

(5) 消费者必须在最佳回收时域内将废旧品送至收集点；

(6) 回收的废旧品全部可拆卸，报废的零部件进行填埋等绿色处理；

(7) 在废旧零部件无法满足再制造生产需要时可以购买新品，联盟企业所需的新品零部件可从联盟企业处购买，非联盟企业所需新品零部件也可以从联盟企业处购买；

(8) 不允许缺货；

(9) 联盟企业废旧品一旦完成再制造，立即安排运送再制造产品至收集点等待消费者取回；

(10) 在多企业联建再制造模式下，联盟企业之间信息透明化，可以根据一个周期内各个企业对再制造品不同需求时间及时调整再制造先后顺序；

(11) 在多企业联建再制造企业模式下，各个企业共用库存，不为单独企业设立库存；

(12) 在面向服务的再制造回收模式下，回收的废旧品均可进行再制造，并且再制造成本小于新品；

(13) 在联合再制造企业的模式下，企业可以随时对产品设计进行调整，零部件重组，使其更好、更快地完成装配；

(14) 无提前期。

再制造处理流程图如 5.4 所示。

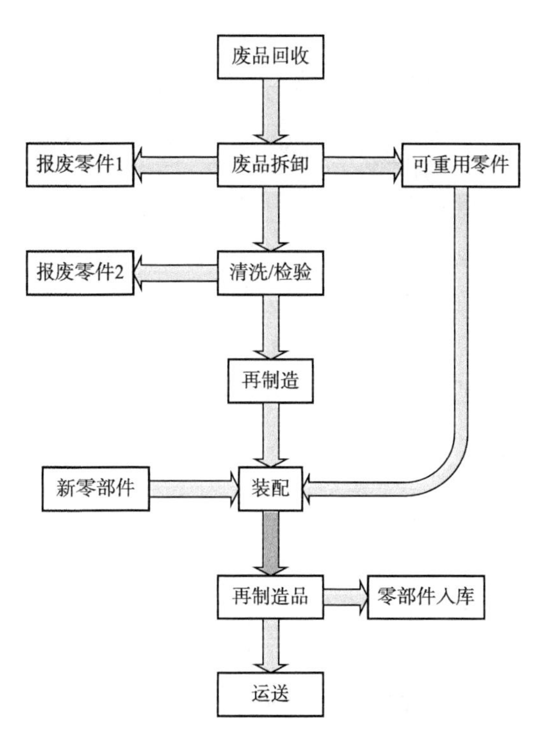

图 5.4　再制造处理流程图

对所建数学模型中出现的符号进行说明：

$$C_1 = \sum_{t=1}^{T}\sum_{a=1}^{A} C_{\mathrm{lhs}a} \cdot m_{ta} + \sum_{t=1}^{T}\sum_{a=1}^{A} C_{\mathrm{lcx}a} \cdot m''_{ta} \tag{5.1}$$

式中　C_1——联盟企业回收拆卸废旧品成本；

T——再制造品的生产计划周期，$T_{\in}\{1, 2, \cdots, N\}$；

A——周期 T 内联盟企业回收再制造产品品种，$A \in \{1, 2, \cdots, a\}$；

$C_{\mathrm{lhs}a}$——联盟企业单位废旧品回收成本；

m_{ta}——周期 T 内联盟企业每种产品回收的废旧品数量；

$C_{\mathrm{lcx}a}$——单位产品拆卸成本；

m''_{ta}——联盟企业废旧零部件拆卸数量。

$$C_2 = \sum_{t=1}^{T}\sum_{b=1}^{B} C_{\mathrm{fhs}b} \cdot u_{tb} + \sum_{t=1}^{T}\sum_{b=1}^{B} C_{\mathrm{fcx}b} \cdot u''_{tb} \tag{5.2}$$

式中　C_2——非联盟企业回收拆卸废旧品成本；

B——周期 T 内非联盟企业回收再制造产品品种，$B \in \{1, 2, \cdots, b\}$；

$C_{\mathrm{fhs}b}$——非联盟企业单位产品回收成本；

u_{tb}——非联盟企业每种产品回收数量；

C_{fcxb}——非联盟企业单位产品检拆卸成本；

u''_{tb}——非联盟企业进行拆卸的废旧零部件数量。

$$C_3 = \sum_{t=1}^{T} \sum_{b=1}^{B} C_{kcs} \cdot N_{tb} + \sum_{t=1}^{T} \sum_{b=1}^{B} C_{fkcb} \cdot N'_{tb} \tag{5.3}$$

式中 C_3——非联盟企业零部件与再制造成品在 T 周期末的总库存成本；

C_{kcs}——非联盟企业单位零部件库存成本；

N_{tb}——非联盟企业零部件在 T 周期末的库存数量；

C_{fkcb}——非联盟单位再制造产品的库存成本；

N'_{tb}——非联盟再制造新品在 T 周期末的库存数量。

$$C_4 = \sum_{t=1}^{T} \sum_{a=1}^{A} C_{ljca} \cdot Q_{ta} + \sum_{t=1}^{T} \sum_{a=1}^{A} C_{lcla} \cdot Q'_{ta} + \sum_{t=1}^{T} \sum_{a=1}^{A} C_{lzza} \cdot Q''_{ta} \tag{5.4}$$

式中 C_4——联盟企业废旧品处理成本；

C_{ljca}——联盟企业单位废旧零部件检测成本；

Q_{ta}——联盟企业废旧零部件检测数量；

C_{lcla}——联盟企业单位报废零部件处理成本；

Q'_{ta}——联盟企业报废零部件处理数量；

C_{lzza}——联盟企业单位废旧零部件进行再制造处理成本；

Q''_{ta}——联盟企业进行再制造处理的废旧零部件数量，等于经拆卸与检测后可进行装配的再制造零部件数量。

$$C_5 = \sum_{t=1}^{T} \sum_{b=1}^{B} C_{fjcb} \cdot O_{tb} + \sum_{t=1}^{T} \sum_{b=1}^{B} C_{fclb} \cdot O'_{tb} + \sum_{t=1}^{T} \sum_{b=1}^{B} C_{fzzb} \cdot O''_{tb} \tag{5.5}$$

式中 C_5——非联盟企业废旧品处理成本；

C_{fjcb}——非联盟企业单位废旧零部件检测成本；

O_{tb}——非联盟企业废旧零部件检测数量；

C_{fclb}——非联盟企业单位报废零部件处理成本；

O'_{tb}——非联盟企业报废零部件处理数量；

C_{fzzb}——非联盟企业单位废旧零部件再制造处理成本；

O''_{tb}——非联盟企业进行再制造处理的废旧零部件数量。

$$C_6 = \sum_{t=1}^{T} \sum_{e=1}^{E} J_e^* \cdot \tilde{J}_{te} + \sum_{t=1}^{T} \sum_{s=1}^{S} L_s^* \cdot \tilde{L}_{ts} \tag{5.6}$$

式中 C_6——在 T 周期采购新品总成本；

J_e^*——联盟产品零部件单价，$e \in (1,\ 2,\ \cdots,\ E)$；

L_s^*——非联盟产品零部件单价，$s \in (1,\ 2,\ \cdots,\ S)$；

$\tilde{J}_{te}$——联盟企业采购零部件数量，$e \in (1, 2, \cdots, E)$；

$\tilde{L}_{ts}$——非联盟企业采购零部件数量，$s \in (1, 2, \cdots, S)$；

E——联盟企业零部件集合；

S——非联盟企业零部件集合。

$$C_7 = \sum_{t=1}^{T} \sum_{a=1}^{A} C_{\text{lzp}a} \cdot Y_{ta} \tag{5.7}$$

式中 C_7——联盟企业再制造产品装配成本；

$C_{\text{lzp}a}$——联盟企业单位产品再制造装配成本；

Y_{ta}——联盟企业预测需求量，即再制造品新品数量 = 实际订单数量。

$$C_8 = \sum_{t=1}^{T} \sum_{b=1}^{B} C_{\text{fzp}b} \cdot OO_{tb} \tag{5.8}$$

式中 C_8——非联盟企业再制造产品装配成本；

$C_{\text{fzp}b}$——非联盟企业单位非联盟产品再制造装配成本；

OO_{tb}——非联盟企业在T周期装配产品量。

$$G = \sum_{t=1}^{T} \sum_{b=1}^{B} F_{tb} X_{tb}^{*} + \sum_{t=1}^{T} \sum_{a=1}^{A} Y_{ta} H_{ta} \tag{5.9}$$

式中 G——再制造企业总收入；

X_{tb}^{*}——非联盟企业产品预测需求量；

F_{tb}——非联盟企业再制造品单件价格；

Y_{ta}——联盟企业预测需求量，即再制造品新品数量 = 实际订单数量；

H_{ta}——联盟企业再制造品单件价格。

其他符号含义：

X_{tb}——非联盟企业再制造产品实际订单数量；

$X_{tb} = OO_{tb}$：非联盟企业实际订单量 = 当前装配产品量；

SS_{J}——A产品零部件初始库存；

SS_{l}——B产品零部件初始库存；

SS_{A}——A产品初始库存；

SS_{B}——B产品初始库存；

$Max(M)$——所有进行再制造处理的废旧品总数；

$Max(cap_{\text{kc}})$——联合再制造中心零部件最大储存能力；

$Max(cap_{\text{cp}})$——非联盟产品再制造成品最大库存能力；

$MaxE$——生产线最大拆卸能力；

$MaxE'$——生产线最大检测能力；

$MaxF$——生产线最大装配能力；

∂——联盟废旧品拆卸阶段报废率；

∂_1——联盟废旧品检测阶段报废率；

β——非联盟废旧品拆卸阶段报废率；

β_1——非联盟废旧品检测阶段报废率；

D——再制造企业生产成本总和。

$$\begin{aligned} D &= C_1 + C_2 + C_3 + C_4 + C_5 + C_6 + C_7 + C_8 \\ &= \sum_{t=1}^{T}\sum_{a=1}^{A} C_{\mathrm{lhsa}} \cdot m_{ta} + \sum_{t=1}^{T}\sum_{a=1}^{A} C_{\mathrm{lcxa}} \cdot m''_{ta} + \sum_{t=1}^{T}\sum_{b=1}^{B} C_{\mathrm{fhsb}} \cdot u_{tb} + \sum_{t=1}^{T}\sum_{b=1}^{B} C_{\mathrm{fcxb}} \cdot u''_{tb} \\ &+ \sum_{t=1}^{T}\sum_{b=1}^{B} C_{\mathrm{kcs}} \cdot N_{tb} + \sum_{t=1}^{T}\sum_{b=1}^{B} C_{\mathrm{fkcb}} \cdot N'_{tb} + \sum_{t=1}^{T}\sum_{a=1}^{A} C_{\mathrm{ljca}} \cdot Q_{ta} + \sum_{t=1}^{T}\sum_{a=1}^{A} C_{\mathrm{lcla}} \cdot Q'_{ta} + \sum_{t=1}^{T}\sum_{a=1}^{A} C_{\mathrm{lzza}} \cdot Q''_{ta} \\ &+ \sum_{t=1}^{T}\sum_{b=1}^{B} C_{\mathrm{fjcb}} \cdot O_{tb} + \sum_{t=1}^{T}\sum_{b=1}^{B} C_{\mathrm{fclb}} \cdot O'_{tb} + \sum_{t=1}^{T}\sum_{b=1}^{B} C_{\mathrm{fzzb}} \cdot O''_{tb} + \sum_{t=1}^{T}\sum_{e=1}^{E} J_e^* \cdot \tilde{J}_{te} + \sum_{t=1}^{T}\sum_{s=1}^{S} L_s^* \cdot \tilde{L}_{ts} \\ &+ \sum_{t=1}^{T}\sum_{a=1}^{A} C_{\mathrm{lzpa}} \cdot Y_{ta} + \sum_{t=1}^{T}\sum_{b=1}^{B} C_{\mathrm{fzpb}} \cdot OO_{tb} \end{aligned} \tag{5.10}$$

目标优化：$MAX(K) = G - D$

$$\begin{aligned} MAX(K) &= \sum_{t=1}^{T}\sum_{b=1}^{B} F_{tb}X_{tb}^* + \sum_{t=1}^{T}\sum_{a=1}^{A} Y_{ta}H_{ta} \\ &- \left(\sum_{t=1}^{T}\sum_{a=1}^{A} C_{\mathrm{lhsa}} \cdot m_{ta} + \sum_{t=1}^{T}\sum_{a=1}^{A} C_{\mathrm{lcxa}} \cdot m''_{ta} + \sum_{t=1}^{T}\sum_{b=1}^{B} C_{\mathrm{fhsb}} \cdot u_{tb} + \sum_{t=1}^{T}\sum_{b=1}^{B} C_{\mathrm{fcxb}} \cdot u''_{tb} \right) \\ &- \left(+ \sum_{t=1}^{T}\sum_{b=1}^{B} C_{\mathrm{kcs}} \cdot N_{tb} + \sum_{t=1}^{T}\sum_{b=1}^{B} C_{\mathrm{fkcb}} \cdot N'_{tb} + \sum_{t=1}^{T}\sum_{a=1}^{A} C_{\mathrm{ljca}} \cdot Q_{ta} + \sum_{t=1}^{T}\sum_{a=1}^{A} C_{\mathrm{lcla}} \cdot Q'_{ta} + \sum_{t=1}^{T}\sum_{a=1}^{A} C_{\mathrm{lzza}} \cdot Q''_{ta} \right) \\ &- \left(+ \sum_{t=1}^{T}\sum_{b=1}^{B} C_{\mathrm{fjcb}} \cdot O_{tb} + \sum_{t=1}^{T}\sum_{b=1}^{B} C_{\mathrm{fclb}} \cdot O'_{tb} + \sum_{t=1}^{T}\sum_{b=1}^{B} C_{\mathrm{fzzb}} \cdot O''_{tb} \right) \\ &- \left(\sum_{t=1}^{T}\sum_{e=1}^{E} J_e^* \cdot \tilde{J}_{te} + \sum_{t=1}^{T}\sum_{s=1}^{S} L_s^* \cdot \tilde{L}_{ts} \right) - \left(\sum_{t=1}^{T}\sum_{a=1}^{A} C_{\mathrm{lzpa}} \cdot Y_{ta} + \sum_{t=1}^{T}\sum_{b=1}^{B} C_{\mathrm{fzpb}} \cdot OO_{tb} \right) \end{aligned} \tag{5.11}$$

约束条件：m_{ta}、m''_{ta}、Q_{ta}、Q'_{ta}、Q''_{ta}、Y_{ta}、$\tilde{J}_{te}$、$\tilde{L}_{ts}$、u_{ta}、u''_{tb}、O_{tb}、O'_{tb}、O''_{tb}、N'_{tb}、X_{tb}、N_{tb}、X_{tb}^*、OO_{tb}、F_{tb}、H_{ta}、D、G、C_{lhsa}、C_{lcxa}、C_{ljca}、C_{lcla}、C_{lzza}、C_{lzpa}、C_{fhsb}、C_{fcxb}、C_{fjcb}、C_{fclb}、C_{fzzb}、C_{fzpb}、SS_{J}、SS_{L}、SS_{A}、SS_{B} 均为非负整数。

联盟企业：

经拆卸后的废旧零部件数量：

$$\sum_{t=1}^{T}\sum_{a=1}^{A} m_{ta}U_a = \sum_{t=1}^{T}\sum_{a=1}^{A} m''_{ta} \tag{5.12}$$

U_a 为产品 A 所含的零部件数量，假设产品的核心零部件数量为 2，单位产品对核心零部件的需求量为 1。

经拆卸后可以进行下一步检测程序的废旧零部件数量为：

$$\sum_{t=1}^{T}\sum_{a=1}^{A} m_{ta}U_a(1-\partial) = \sum_{T=1}^{T}\sum_{a=1}^{A} Q_{ta} \tag{5.13}$$

经过拆卸和检测过程，报废的废旧零部件数量为：

$$\sum_{t=1}^{T}\sum_{a=1}^{A} U_a m_{ta}\cdot\partial + \sum_{t=1}^{T}\sum_{a=1}^{A} m''_{ta}(1-\partial)\partial_1 = \sum_{t=1}^{T}\sum_{a=1}^{A} Q'_{ta} \tag{5.14}$$

经过拆卸和检测过程，可以进行再制造处理的废旧零部件数量为：

$$\sum_{t=1}^{T}\sum_{a=1}^{A} m_{ta}U_a(1-\partial)(1-\partial_1) = \sum_{t=1}^{T}\sum_{a=1}^{A} Q''_{ta} \tag{5.15}$$

在面向服务的再制造模式下，回收的联盟企业的废旧品应该与联盟企业再制造品需求量相同，即预测需求量等于回收量，等于订单量。再制造品不进入库存直接运输至原消费者处，即预测需求量 = 回收量 = 订单量：

$$\sum_{t=1}^{T}\sum_{a=1}^{A} m_{ta} = \sum_{t=1}^{T}\sum_{a=1}^{A} Y_{ta} \tag{5.16}$$

因此，新零部件采购数量等于报废零部件数量为：

$$\sum_{t=1}^{T}\sum_{a=1}^{A} Q'_{ta} = \sum_{t=1}^{T}\sum_{e}^{E} \tilde{J}_{te} \tag{5.17}$$

非联盟企业：

经拆卸后的废旧零部件数量为：

$$\sum_{t=1}^{T}\sum_{b=1}^{B} u_{ta}U_b = \sum_{t=1}^{T}\sum_{b=1}^{B} u''_{tb} \tag{5.18}$$

U_b 为产品 B 所含的零部件数量，假设产品的核心零部件数量为 2，单位产品对核心零部件的需求量为 1。

经拆卸后可以进行检测的废旧零部件数量为：

$$\sum_{t=1}^{T}\sum_{b=1}^{B} u''_{tb}\cdot(1-\beta) = \sum_{t=1}^{T}\sum_{b=1}^{B} O_{tb} \tag{5.19}$$

经过拆卸和检测过程，报废的废旧零部件数量为：

$$\sum_{t=1}^{T}\sum_{b=1}^{B} U_b\cdot u_{tb}\cdot\beta + u''_{tb}\cdot(1-\beta)\beta_1 = \sum_{t=1}^{T}\sum_{b=1}^{B} O'_{tb} \tag{5.20}$$

表示非联盟企业经拆卸与检测后进行再制造处理的废旧零部件数量为：

$$\sum_{t=1}^{T}\sum_{b=1}^{B} u_{tb}U_b(1-\beta)(1-\beta_1) = \sum_{t=1}^{T}\sum_{b=1}^{B} O''_{tb} \tag{5.21}$$

为了满足市场需求，非联盟企业对再制造产品的市场预测需求量需大于用户订购量：

$$\sum_{t=1}^{T}\sum_{b=1}^{B}X_{tb}^{*} > \sum_{t=1}^{T}\sum_{b=1}^{B}X_{tb} \tag{5.22}$$

非联盟企业 T 周期末再制造新品库存 = 实际订单数量 - 销售中心数量 + 上一期再制造新品剩余库存；由于企业按照订单生产再制造新品，理论上不存在上期再制造新品剩余情况。

$$\sum_{t=1}^{T}\sum_{b=1}^{B}N'_{tb} = \sum_{t=1}^{T}\sum_{b=1}^{B}X_{tb} - \sum_{t=1}^{T}\sum_{b=1}^{B}\tilde{X}_{tb} + \sum_{t=1}^{T}\sum_{b=1}^{B}N'_{(t-1)b} \tag{5.23}$$

非联盟企业预测零部件需求量 = 回收可用废旧零部件 + 外购零部件 + 上期零部件库存：

$$\sum_{t=1}^{T}\sum_{b=1}^{B}X_{tb}^{*}U_{b} = \sum_{t=1}^{T}\sum_{b=1}^{B}O''_{tb} + \sum_{t=1}^{T}\sum_{s=1}^{S}\tilde{L}_{ts} + \sum_{t=1}^{T}\sum_{b=1}^{B}N_{(t-1)b} \tag{5.24}$$

非联盟企业 T 周期末零部件库存数量 = 上期零部件库存 + 当期拆卸所得零部件 + 新购零部件 - 生产消耗零部件：

$$\sum_{t=1}^{T}\sum_{b=1}^{B}N_{tb} = \sum_{t=1}^{T}\sum_{b=1}^{B}N_{(t-1)b} + \sum_{t=1}^{T}\sum_{b=1}^{B}O''_{tb} + \sum_{t=1}^{T}\sum_{s=1}^{S}\tilde{L}_{ts} - \sum_{t=1}^{T}\sum_{b=1}^{B}\tilde{O}_{tb} \tag{5.25}$$

$\tilde{o}_{tb}$为周期 T 进行装配的零部件数量。

零部件装配数量 = 非联盟企业再制造品订单数量 × 单位再制造品零部件数量：

$$\sum_{t=1}^{T}\sum_{b=1}^{B}\tilde{O}_{tb} = \sum_{t=1}^{T}\sum_{b=1}^{B}U_{b}.\ X_{tb} \tag{5.26}$$

联盟企业与非联盟企业所有回收的废旧品不得超过联合中心处理废旧品总数：

$$\sum_{t=1}^{T}\sum_{a=1}^{A}m_{ta} + \sum_{t=1}^{T}\sum_{b=1}^{B}u_{tb} \leqslant MaxM \tag{5.27}$$

进行拆卸的废旧零部件数量不能超过生产线最大生产量：

$$\sum_{t=1}^{T}\sum_{a=1}^{A}m''_{ta} + \sum_{t=1}^{T}\sum_{b=1}^{B}u''_{tb} \leqslant MaxE \tag{5.28}$$

进行检测的废旧零部件数量不能超过生产线最大生产量：

$$\sum_{t=1}^{T}\sum_{a=1}^{A}Q_{ta} + \sum_{t=1}^{T}\sum_{b=1}^{B}O_{tb} \leqslant MaxE' \tag{5.29}$$

进行装备的零部件数量不能超过生产线最大生产量：

$$\sum_{t=1}^{T}\sum_{a=1}^{A}m'_{ta} + \sum_{t=1}^{T}\sum_{b=1}^{B}u'_{tb} \leqslant MaxF \tag{5.30}$$

非联盟企业的零部件库存数不得超过最大零部件库存量：

$$Y_{ta} \cdot U_a + OO_{tb} \cdot U_b \leqslant Max(cap_{\mathrm{kc}}) \tag{5.31}$$

非联盟企业再制造成品库存不得超过最大库存容量：

$$N'_{tb} \leqslant Max(cap_{\mathrm{cp}}) \tag{5.32}$$

在面向服务的再制造模式下，联盟企业再制造品经装配调试正常后，立即安排运输至原消费者处，不做库存停留。

按照先进行废旧零部件检测，后进行清洗的顺序，检测后会出现报废零部件，因此进行清洗的零部件数量应少于进行检测的零部件。

本模型中决策变量是：X_{tb}，$\tilde{L}_{\mathrm{ts}}$，$\tilde{J}_{\mathrm{te}}$；不确定模糊参数是，$C_{\mathrm{lhs}a}$、$C_{\mathrm{lcx}a}$、$C_{\mathrm{ljc}a}$、C_{lcla}、$C_{\mathrm{lzz}a}$、$C_{\mathrm{lzp}a}$、H_{ta}、$C_{\mathrm{fhs}b}$、$C_{\mathrm{fcx}b}$、$C_{\mathrm{fjc}b}$、$C_{\mathrm{fcl}b}$、$C_{\mathrm{fzz}b}$、$C_{\mathrm{fzp}b}$、J_{tb}、X^*_{tb}、u_{tb}。

在面向服务的再制造系统中，部分参数无法精确地进行描述，但是这些参数的数量范围和该范围程度可以被识别，为了描述上述不确定因素，提出了一个较为有效的数学工具，即模糊数。

本文中所建模型为带有模糊参数的混合整数规划，将其转化成确定线性规划：

$$maxW = C^T X, \text{ s. t. OXP }, X > 0 \tag{5.33}$$

其中，O 与 P 中元素 o_{ij}，p_j，($i=1, 2, \cdots, A$；$j=1, 2, \cdots, B$) 是三角模糊数，记做

$$o_{ij} = (\bar{o}_{ij}, \tilde{o}_{ij}, o_{-ij}), \ p_j = (\bar{p}_j, \tilde{p}_j, \underline{p}_j);$$

根据三角模糊运算法则，$\forall x_j \geqslant 0, j = 1,2,\cdots,B$, $\sum_{j=1}^{B} o_{ij}x_j$ 也为三角函数，并且

$$\sum_{j=1}^{B} o_{ij}x_j = \left(\sum_{j=1}^{B} \bar{o}_{ij}x_j, \sum_{j=1}^{B} \tilde{o}_{ij}x_j, \sum_{j=1}^{B} o_{-ij}x_j \right) \tag{5.34}$$

根据三角模糊运算法则，可将模糊约束条件转化成：

$$\lambda_1 \sum_{j=1}^{B} \bar{o}_{ij}x_j + \lambda_2 \sum_{j=1}^{B} \tilde{o}_{ij}x_j + \lambda_3 \sum_{j=1}^{B} o_{-ij}x_j \leqslant \lambda_1 \bar{p}_j + \lambda_2 \tilde{p}_j + \lambda_3 p_{-j} \tag{5.35}$$

式（5.35）中，λ_1，λ_2，λ_3 表示权重系数，一般情况中，λ_2 具有较高的权重。

$$maxW = \sum_{j=1}^{P} c_j x_{ij} \tag{5.36}$$

$$\lambda_1 \sum_{j=1}^{B} \bar{o}_{ij}x_j + \lambda_2 \sum_{j=1}^{B} \tilde{o}_{ij}x_j + \lambda_3 \sum_{j=1}^{B} o_{-ij}x_j \leqslant \lambda_1 \bar{p}_j + \lambda_2 \tilde{p}_j + \lambda_3 p_{-j};$$

$$\lambda_1 \bar{p}_j + \lambda_2 \tilde{p}_j + \lambda_3 p_{-j} \geqslant 0 \tag{5.37}$$

根据理论，任意一个不确定模糊参数均可使用可能性分布的三角模糊数表示，再制造系统中，决策者可以依据实践经验将无法具体确定的参数估计成最小值、可能值以及最大值。在本文中联盟企业不确定模糊参数为：回收成本，拆卸成本，检测成本，处理成本，再制造成本，装配成本以及销售价格。非联盟企业不确定模糊参数有：回收成本，拆卸成本，检测成本，处理成本，再制造成本，装配成本以及销售价格。

联盟企业：

$C_{lhsa}=(\overline{C}_{lhsa},\tilde{C}_{lhsa},C_{-lhsa})$；$C_{lcxa}=(\overline{C}_{lcxa},\tilde{C}_{lcxa},C_{-lcxa})$；$C_{ljca}=(\overline{C}_{ljca},\tilde{C}_{ljca},C_{-ljca})$；

$C_{lcla}=(\overline{C}_{lcla},\tilde{C}_{lcla},C_{-lcla})$；$C_{lzza}=(\overline{C}_{lzza},\tilde{C}_{lzza},C_{-lzza})$；$C_{lzpa}=(\overline{C}_{lzpa},\tilde{C}_{lzpa},C_{-lzpa})$；

$H_{ta}=(\overline{H}_{ta},\tilde{H}_{ta},H_{-ta})$

非联盟企业：

$C_{fhsb}=(\overline{C}_{fhsb},\tilde{C}_{fhsb},C_{-fhsb})$；$C_{fcxb}=(\overline{C}_{fcxb},\tilde{C}_{fcxb},C_{-fcxb})$；$C_{fjcb}=(\overline{C}_{fjcb},\tilde{C}_{fjcb},C_{-fjcb})$

$C_{fclb}=(\overline{C}_{fclb},\tilde{C}_{fclb},C_{-fclb})$；$C_{fzzb}=(\overline{C}_{fzzb},\tilde{C}_{fzzb},C_{-fzzb})$；$C_{fzpb}=(\overline{C}_{fzpb},\tilde{C}_{fzpb},C_{-fzpb})$

$J_{tb}=(\overline{J}_{tb},\tilde{J}_{tb},J_{-tb})$；$\sum_{t=1}^{T}\sum_{b=1}^{B}X_{tb}^{*}=\sum_{t=1}^{T}\sum_{b=1}^{B}(\overline{X}_{tb}^{*},X_{tb}^{*},X_{-tb}^{*})$；

$\sum_{t=1}^{T}\sum_{b=1}^{B}u_{tb}=\sum_{t=1}^{T}\sum_{b=1}^{B}(\overline{u}_{tb},\tilde{u}_{tb},u_{-tb})$

带有模糊参数的 MIP 问题，研究者们提出多种解决方法，本文采用将化模糊参数为确定参数的方法，依据再制造系统中决策者的经验引入 λ_1、λ_2、λ_3 权重系数，不同的模糊参数具有不同的权重系数，例如非联盟企业废旧品回收量不确定性较大，因此最小值、可能值以及最大值权重系数相差较小。部分容易预测的参数值，权重取较大值。因此，联盟企业回收成本、拆卸成本、再制造处理成本（C_{lhsa}，C_{lcxa}，C_{lzza}）和非联盟企业产品回收量、预测需求量、回收成本、拆卸成本、再制造处理成本（u_{tb}、X_{tb}^{*}、C_{fhsb}、C_{fcxb}、C_{fzzb}）的权重系数（λ_1、λ_2、λ_3）为（0.3、0.4、0.3）。联盟企业检测成本、装配成本以及销售价格（C_{ljca}、C_{lzpa}、H_{ta}）和非联盟企业检测成本、装配成本以及销售价格（C_{fjcb}、C_{fzpb}、J_{tb}）的权重系数（λ_1、λ_2、λ_3）为（0.2、0.6、0.2）。

联盟企业：

$$C_{lhsa}=\lambda_1\overline{C}_{lhsa}+\lambda_2\tilde{C}_{lhsa}+\lambda_3 C_{-lhsa} \tag{5.38}$$

$$C_{lcxa}=\lambda_1\overline{C}_{lcxa}+\lambda_2\tilde{C}_{lcxa}+\lambda_3 C_{-lcxa} \tag{5.39}$$

$$C_{\mathrm{ljc}a} = \lambda_1 \overline{C}_{\mathrm{ljc}a} + \lambda_2 \tilde{C}_{\mathrm{ljc}a} + \lambda_3 C_{-\mathrm{ljc}a} \tag{5.40}$$

$$C_{\mathrm{lcl}a} = \lambda_1 \overline{C}_{\mathrm{lcl}a} + \lambda_2 \tilde{C}_{\mathrm{lcl}a} + \lambda_3 C_{-\mathrm{lcl}a} \tag{5.41}$$

$$C_{\mathrm{lzz}a} = \lambda_1 \overline{C}_{\mathrm{lzz}a} + \lambda_2 \tilde{C}_{\mathrm{lzz}a} + \lambda_3 C_{-\mathrm{lzz}a} \tag{5.42}$$

$$C_{\mathrm{lzp}a} = \lambda_1 \overline{C}_{\mathrm{lzp}a} + \lambda_2 \tilde{C}_{\mathrm{lzp}a} + \lambda_3 C_{-\mathrm{lzp}a} \tag{5.43}$$

$$H_{ta} = \lambda_1 \overline{H}_{ta} + \lambda_2 \tilde{H}_{ta} + \lambda_3 H_{-ta} \tag{5.44}$$

非联盟企业：

$$C_{\mathrm{fhs}b} = \lambda_1 \overline{C}_{\mathrm{fhs}b} + \lambda_2 \tilde{C}_{\mathrm{fhs}b} + \lambda_3 C_{-\mathrm{fhs}b} \tag{5.45}$$

$$C_{\mathrm{fcx}b} = \lambda_1 \overline{C}_{\mathrm{fcx}b} + \lambda_2 \tilde{C}_{\mathrm{fcx}b} + \lambda_3 C_{-\mathrm{fcx}b} \tag{5.46}$$

$$C_{\mathrm{fjc}b} = \lambda_1 \overline{C}_{\mathrm{fjc}b} + \lambda_2 \tilde{C}_{\mathrm{fjc}b} + \lambda_3 C_{-\mathrm{fjc}b} \tag{5.47}$$

$$C_{\mathrm{fcl}b} = \lambda_1 \overline{C}_{\mathrm{fcl}b} + \lambda_2 \tilde{C}_{\mathrm{fcl}b} + \lambda_3 C_{-\mathrm{fcl}b} \tag{5.48}$$

$$C_{\mathrm{fzz}b} = \lambda_1 \overline{C}_{\mathrm{fzz}b} + \lambda_2 \tilde{C}_{\mathrm{fzz}b} + \lambda_3 C_{-\mathrm{fzz}b} \tag{5.49}$$

$$C_{\mathrm{fzp}b} = \lambda_1 \overline{C}_{\mathrm{fzp}b} + \lambda_2 \tilde{C}_{\mathrm{fzp}b} + \lambda_3 C_{-\mathrm{fzp}b} \tag{5.50}$$

$$J_{tb} = \lambda_1 \overline{J}_{tb} + \lambda_2 \tilde{J}_{tb} + \lambda_3 J_{-tb} \tag{5.51}$$

$$\sum_{t=1}^{T}\sum_{b=1}^{B} X_{tb}^{*} = \sum_{t=1}^{T}\sum_{b=1}^{B} (\lambda_1 \overline{X}_{tb}^{*} + \lambda_2 \tilde{X}^{*}_{\ tb} + \lambda_3 X_{-tb}^{*}) \tag{5.52}$$

$$\sum_{t=1}^{T}\sum_{b=1}^{B} u_{tb} = \sum_{t=1}^{T}\sum_{b=1}^{B} (\lambda_1 \overline{u}_{tb} + \lambda_2 \tilde{u}_{tb} + \lambda_3 u_{-tb}) \tag{5.53}$$

5.3.3 算法求解

遗传算法（Genetic Algorithm）是利用计算机对生物进化与遗传学过程模拟，模拟进化的方式来搜索最优解。遗传算法是将每个问题的可能解集视为一个种群，所有个体是染色体上携带特征的实体。染色体在生物学上是遗传物质的载体，集合多个基因个体，在外形上千差万别。计算机编码相当于个体外形到基因的映射。模拟编码量大且困难，将其简单化，考虑二进制编码。子代演化出更好的近似解。根据问题内的染色体个体的适应度值筛选个体，并进行交叉、变异，从而生成新解集的种群[147]。遗传算法流程图如图 5.5 所示。遗传算法基本步骤为下述六方面。

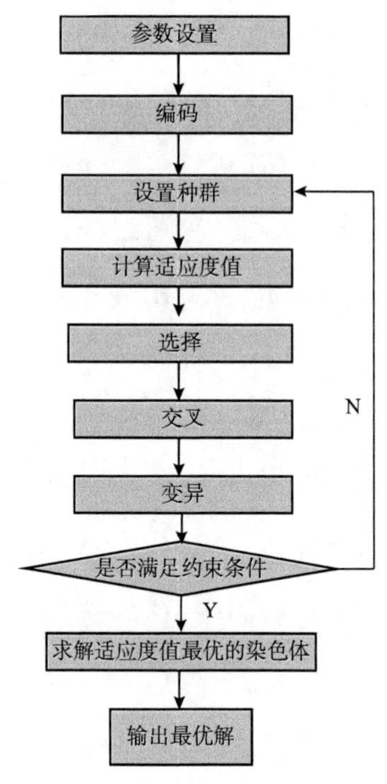

图 5.5　遗传算法流程图

（1）编码。这是该算法的根本，对它的搜索能力以及种群多样性影响较大，使用二进制算法或者使用实数遗传算法。二进制编码使一系列遗传操作便于运行，也便于理论分析，但其无法直接体现出求解问题所待定的知识。二进制代码优化离散复杂度高的连续函数会产生映射误差，如果编码串不够长则无法达到要求。如果保证精度，那么编码串长度增加运算量[147]。每个种群用 $N \times T$ 的矩阵表达，个体基因数量表示为：$N \times T \times R$。

（2）种群的初始化又可称为初始种群生成，表示第一代染色体种群，其中每一个染色体表示问题的一种求解方案。就二进制编码方式，初始化种群为产生二进制数串；就整数编码而言，初始化种群为整数数串。

（3）适应度函数。它被用来评判问题备选方案的优异程度，通常依据目标函数对其进行设计。对目标函数的最大或最小化问题对应适应度函数化为两种情况。优化问题的约束条件，使用惩罚策略解决，利用对不可行解的惩罚将问题转变成无约束问题。

（4）选择操作。选择操作是建立在适应度值运算基础之上，作为新种群产生而对部分染色体进行选择的操作。其目的是为了使种群内比较优秀的个体被其后代继承而产生更优的适应度值。种群中任意一个个体都有一个选择概率，它取决于种群内个体的适应度以及适应度分布，常规个体的选择有三种方法：比例选择法、分级选择法以及锦标赛选择法。

（5）交叉操作。交叉是对基因的重组，以交叉概率 P_c 对两父代的个体间相应分量进行交换，将两个父代个体中的部分结构进行重组替换，进而产生新的子代。遗传算法通过该手段得到优良个体，P_c 通常取 0.7 左右。有四种常用形式：顺序交叉、两点交叉、均匀交叉以及单点交叉[147]。

（6）变异操作。交叉操作会使种群中部分遗传信息失踪，而变异操作能让这部分信息再现。变异操作是对染色体上某一随机变量进行改变来阻止算法向某一部分最优解收敛过早。为了防止遗传算法无目的搜索，变异概率 P_m 不宜取过大的值，通常在 0.005 ~ 0.5 取值。

（7）替换策略。在完成交叉变异后，使用子代的个体替换父代个体。将所有父代个体全部替换为新的子代个体是最简易的替代策略，这也是遗传算法中的基础替换策略。经过有限次数进化后，选择适应度值最优的个体作为最优解。

（8）运算终止。遗传算法常用终止条件为总体进化的代数、进化耗时以及进化的质量不再提升[147]。

文献［148］将遗传算法与对偶单纯形算法结合，提出了混合算法，对遗传算法交叉算子进行改进，并使用 3PM 变异算子。

改进交叉算子：

与亲代关系越远的子代越优秀。假设子代由两个父代产生，如果 2 个父代连接结构较近，那么子代的优秀程度并不会明显。如果通过 3 个父代交叉，对比 2 个父代增加了一个父代，子代多样性增加，减少近亲繁殖的可能。

（1）在种群中随机选择 3 个父代；

（2）3 个父代分别随机生成 1 个子代位置，如果是 3，那么 3 为子代内第 1 个基因值。

（3）向右轮转染色体，令 3 个父代基因值等于子代的第 1 个基因值；

（4）$f_{sy}(m, n)$表示基因 m，n 的适应度值，对 3 个适应度值的大小进行比较，$f_{sy}(m, n_1)$、$f_{sy}(m, n_2)$、$f_{sy}(m, n_3)$，选择其中最小的适应度值。如果 $f_{sy}(m, n_3)$最小，那么 n_3 为下一个基因值，对应位置加 1；之后重复（3）的操作，进行 $n-1$ 次操作后，直至产生 1 个新的个体；

（5）对（1）中 3 个父代染色体随机分别生成最后 1 个子代的位置，作为子代最后的 1 个基因值；

（6）向右轮转染色体，使3个父代基因值等于子代的最后1个基因值；

（7）如果$f_{sy}(m_2, 4)$最小，那么对应位置加1；之后重复（6）的操作，进行$n-1$次操作后，直至产生1个新的个体。

上述过程中，子代并非随机生成，而是进行轮转后逐代产生，因此子代均遗传了3个父代基因。最初运算时算法收敛速度快，接近垂直收敛并且搜索率高。

算子变异：可以提升初期搜索率，而之后有许多适应度高的个体，它们不易得到父代较好的基因，大大降低算法搜索速率，使跳出局部最优解困难。因此对算子进行变异，实现染色体编码串某位或几位基因变异操作。随机变异的位置与染色体编码数量不固定[148]。

（1）初始化种群，N个使用$1-N_1$（再制造产品装配总数）的一维向量生成一个初始种群$P_v(0)$；

（2）使迭代次数x、染色体编号、其对应基因位为0，根据新品零部件采购数量与再制造品装配数量，对初始种群进行筛选；

（3）$a=0$表示染色体序号，$b=0$表示其对应基因位；

（4）带入v_{ab}企业利润最优的模型中，$b=b+1$；

（5）判断个体基因位与种群基因位大小，如果个体基因位小于种群基因位，返回上一步；

（6）使用有界变量的对偶单纯算法对a个模型求解；

（7）判断是否有可行解，如果有，输出可行解，否则使染色体基因位可行解为0；

（8）计算适应度函数，使$a=a+1$；

（9）如果$a<N_1$，那么跳转到（4），否则跳转到（10）；

（10）适应度值进行比较；

（11）判断是否终止，满足终止条件则输出最优解，如不满足则跳转到（12）；

（12）使用轮盘赌算法对染色体进行选择操作；

（13）设置概率p_j，进行3PM算子的交叉操作；

（14）设置概率p_b，进行动态位的随机位串的变异操作；

（15）$x=x+1$，得到子代种群$p(x+1)$，并跳转到（3）。

算法流程图如图5.6所示。

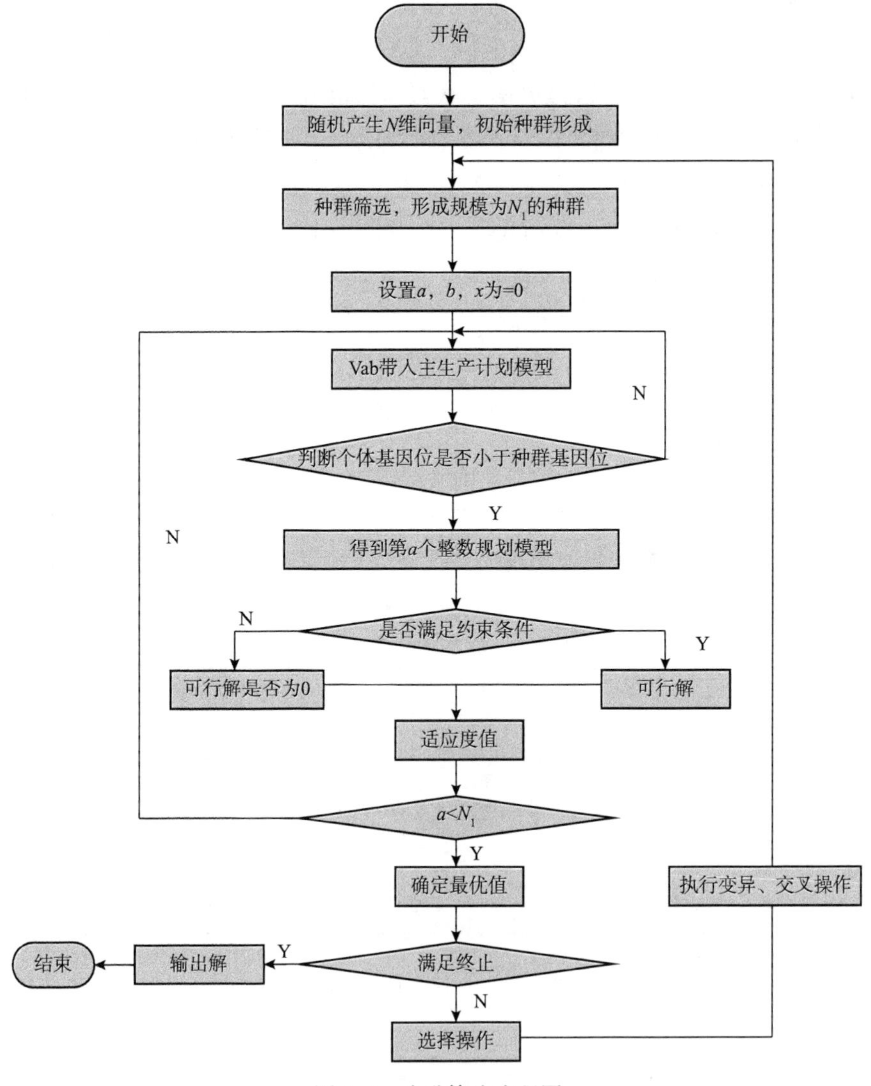

图 5.6　改进算法流程图

5.3.4　实例分析与验证

模式中设置 1 个联合再制造中心、若干收集点、若干处理中心、1 个销售中心。对 n 个联盟企业的 4 种食品机械 A_{1t}、A_{2t}、A_{3t}、A_{4t}进行回收再制造，它们分别由 2 种主要零部件组成，假设每种产品对主要零部件的需求量为 1，企业计划执行周期为一个月四周度即 $t=4$，库存成本不变。联合的再制造中心对 n 个非联盟企业的废旧品回收再制造，主要包括 4 种食品机械：B_{1t}、B_{2t}、B_{3t}、B_{4t}，它们分别由 2 种主要零部件组成，并且每种食品机械对主要零部件的需求量为 1，企业计划执行周期为一个月，即 $t=4$，假设库存成本不变。

∂ 为联盟废旧品拆卸阶段报废率。联盟废旧品在最佳回收时域回收，因此报废率低，$\partial=0.2$；∂_1 为联盟废旧品检测阶段报废率，同样因为联盟废旧品在最佳回收时域回收，因此报废率低，$\partial_1=0.1$。β 为非联盟废旧品拆卸阶段报废率，非联盟废旧品未能在最佳回收时域回收，因此报废率高，$\beta=0.3$；β_1 为非联盟废旧品检测阶段报废率，同样因为非联盟废旧品未能在最佳回收时域回收，因此报废率高，$\beta_1=0.2$。表 5.1 为联合再制造中心流水线最大生产能力；表 5.2 为非联盟企业零部件库存成本；表 5.3 为联盟企业再制造相关成本参数；表 5.4 为非联盟企业再制造相关参数；表 5.5 为零部件采购成本数据；表 5.6 为联盟与非联盟企业对再制造产品的市场预测需求量；表 5.7 为每周期联盟与非联盟产品的预测回收数量。表 5.8 为联合再制造中心相关产品初始库存；表 5.9 为每周期发往销售中心的非联盟再制造产品数量。数值参考论文[154]并做适当的删除与修改。

表 5.1 流水线最大产能表

项目	$Max(M)$	$Max(cap_{kc})$	$Max(cap_{cp})$	$Max(E)$	$Max(E')$	$Max(F)$
数量	10000	8000	8000	20000	19000	20000

表 5.2 非联盟企业零部件库存成本表 元/件

非联盟零部件$\tilde{L}_{ts}$	$\tilde{L}_1$	$\tilde{L}_2$	$\tilde{L}_3$	$\tilde{L}_4$	$\tilde{L}_5$	$\tilde{L}_6$	$\tilde{L}_7$	$\tilde{L}_8$
库存单价 C_{kcs}	8	10	8	4	4	6	14	20

表 5.3 联盟企业成本表 元/件

项目	A_{1t}	A_{2t}	A_{3t}	A_{4t}
回收成本 C_{lhsa}	(190，200，210)	(100，110，120)	(210，220，230)	(640，650，660)
拆卸成本 C_{lcxa}	(30，40，50)	(35，45，55)	(28，38，48)	(105，115，125)
检测成本 C_{ljca}	(27，37，47)	(32，42，52)	(20，30，40)	(50，60，70)
处理成本 C_{lcla}	(20，30，40)	(6，16，26)	(24，34，44)	(90，100，110)
再制造成本 C_{lzza}	(155，165，175)	(111，121，131)	(190，200，210)	(335，345，355)
装配成本 C_{lzpa}	(180，190，200)	(100，110，120)	(200，210，220)	(335，345，355)
销售价格 H_{ta}	(3000，3100，3200)	(2900，3000，3100)	(3400，3500，3600)	(4000，4100，4200)

表 5.4 非联盟企业成本表 元/件

项目	B_{1t}	B_{2t}	B_{3t}	B_{4t}
回收成本 C_{fhsb}	(470, 480, 490)	(210, 220, 230)	(550, 560, 570)	(100, 110, 120)
拆卸成本 C_{fcxb}	(60, 70, 80)	(70, 80, 90)	(56, 66, 76)	(190, 200, 210)
检测成本 C_{fjcb}	(55, 65, 75)	(62, 72, 82)	(49, 59, 69)	(179, 189, 199)
处理成本 C_{fclb}	(25, 35, 45)	(10, 20, 30)	(30, 40, 50)	(28, 38, 48)
再制造成本 C_{fzzb}	(190, 200, 210)	(139, 149, 159)	(222, 232, 242)	(335, 345, 355)
装配成本 C_{fzpb}	(200, 210, 220)	(140, 150, 160)	(240, 250, 260)	(350, 360, 370)
新品库存成本 C_{fkcb}	9	10	18	25
销售价格 J_{tb}	(470, 480, 490)	(210, 220, 230)	(550, 560, 570)	(100, 110, 120)

表 5.5 非联盟/联盟企业零部件采购成本表 元/件

非联盟$\tilde{L}_{ts}$	$\tilde{L}_{11}$	$\tilde{L}_{21}$	$\tilde{L}_{31}$	$\tilde{L}_{41}$	$\tilde{L}_{51}$	$\tilde{L}_{61}$	$\tilde{L}_{71}$	$\tilde{L}_{81}$
单价	87	85	80	70	48	42	40	39
联盟$\tilde{J}_{te}$	$\tilde{J}_{11}$	$\tilde{J}_{21}$	$\tilde{J}_{31}$	$\tilde{J}_{41}$	$\tilde{J}_{51}$	$\tilde{J}_{61}$	$\tilde{J}_{71}$	$\tilde{J}_{81}$
单价	80	90	98	98	96	84	82	74

表 5.6 联盟企业与非联盟企业再制造产品市场预测需求量

项目	种类	周期			
		$t=4$	$t=1$	$t=2$	$t=3$
联盟企业再制造品预测需求量 Y_{ta}	A_{1t}	305	350	320	280
	A_{2t}	420	390	380	440
	A_{3t}	200	220	280	460
	A_{4t}	105	110	130	120
非联盟企业再制造品预测需求量 X_{tb}^*	B_{1t}	(250, 260, 270)	(300, 310, 320)	(290, 300, 310)	(210, 220, 230)
	B_{2t}	(370, 380, 390)	(370, 380, 390)	(350, 360, 370)	(410, 420, 430)
	B_{3t}	(180, 190, 200)	(180, 190, 200)	(210, 220, 230)	(400, 410, 420)
	B_{4t}	(80, 90, 100)	(86, 96, 106)	(100, 110, 120)	(90, 100, 110)

表 5.7　联盟企业与非联盟企业废旧品回收量

项目	产品	周期			
		$t=4$	$t=1$	$t=2$	$t=3$
联盟产品回收量 m_{ta}	A_{1t}	305	350	320	280
	A_{2t}	420	390	380	440
	A_{3t}	200	220	280	460
	A_{4t}	105	110	130	120
非联盟产品回收量 u_{tb}	B_{1t}	(230，240，250)	(280，290，300)	(270，280，290)	(190，200，210)
	B_{2t}	(310，320，330)	(330，340，350)	(300，310，320)	(380，390，400)
	B_{3t}	(150，160，170)	(160，170，180)	(180，190，200)	(370，380，390)
	B_{4t}	(60，70，80)	(75，85，95)	(80，90，100)	(70，80，90)

表 5.8　联盟企业与非联盟企业产品及零部件初始库存数量表

产品	A_{11}	A_{21}	A_{31}	A_{41}	B_{11}	B_{21}	B_{31}	B_{41}
初始库存	0	0	0	0	0	0	0	0
非联盟零部件$\tilde{L}_{ts}$	$\tilde{L}_{11}$	$\tilde{L}_{21}$	$\tilde{L}_{31}$	$\tilde{L}_{41}$	$\tilde{L}_{51}$	$\tilde{L}_{61}$	$\tilde{L}_{71}$	$\tilde{L}_{81}$
初始库存	0	0	0	0	0	0	0	0
联盟零部件$\tilde{J}_{te}$	$\tilde{J}_{11}$	$\tilde{J}_{21}$	$\tilde{J}_{31}$	$\tilde{J}_{41}$	$\tilde{J}_{51}$	$\tilde{J}_{61}$	$\tilde{J}_{71}$	$\tilde{J}_{81}$
初始库存	0	0	0	0	0	0	0	0

表 5.9　非联盟企业再制造新品发往销售中心数量

周期		$t=1$	$t=2$	$t=3$	$t=4$
发往销中心数量$\tilde{X}_{tb}$	B_{1t}	250	305	300	220
	B_{2t}	340	385	360	425
发往销中心数量$\tilde{X}_{tb}$	B_{3t}	160	190	220	410
	B_{4t}	85	98	110	105

对模型进行求解，解得联合再制造中心从联盟企业获得最优利润为 10843109 元，从非联盟企业获得利润为 8988532 元，联合再制造企业获得总利润为 19831614 元。表 5.10 与表 5.11 为联合再制造中心最优再制造计划表，企业可依据最优再制造生产计划安排生产，从而得到最优利润。

表 5.10　需购置的新零部件数量表

周期	零部件采购数量联盟企业/非联盟企业（$\tilde{J}_{te}/\tilde{L}_{ts}$）							
	$\tilde{J}_{1t}$	$\tilde{J}_{2t}$	$\tilde{J}_{3t}$	$\tilde{J}_{4t}$	$\tilde{J}_{5t}$	$\tilde{J}_{6t}$	$\tilde{J}_{7t}$	$\tilde{J}_{8t}$
$t=1$	82	73	69	67	83	84	88	97
$t=2$	123	97	87	67	112	127	137	163
$t=3$	82	73	69	67	83	84	88	92
$t=4$	37	29	27	25	27	41	35	39
	$\tilde{L}_{1t}$	$\tilde{L}_{2t}$	$\tilde{L}_{3t}$	$\tilde{L}_{4t}$	$\tilde{L}_{5t}$	$\tilde{L}_{6t}$	$\tilde{L}_{7t}$	$\tilde{L}_{8t}$
$t=1$	110	115	116	114	130	160	129	165
$t=2$	160	165	169	185	185	200	205	270
$t=3$	107	108	110	114	136	150	150	141
$t=4$	20	30	30	50	60	78	78	92

表 5.11　计划生产再制造产品数量

项目	种类	周期			
		t = 4	t = 1	t = 2	t = 3
联盟企业再制造品产量 Y_{ta}	A_{1t}	305	350	320	280
	A_{2t}	420	390	380	440
	A_{3t}	200	220	280	460
	A_{4t}	105	110	130	120
非联盟企业再制造品产量 X_{tb}	B_{1t}	258	312	300	215
	B_{2t}	364	385	365	417
	B_{3t}	198	195	213	406
	B_{4t}	89	100	115	97

算法收敛图如 5.7 所示，改进后的混合遗传算法迭代 50 次左右得到 1 个较稳定的最优解，此时总利润为 19831614 元。相比传统遗传算法，首先，混合遗传算法通过的代数进化到较优解，即收敛速度比较快；其次，能突破局部最优解的概率更多，得到更好解。这说明经过改进后的混合遗传算法能减少迭代次、数缩短计算时间，有效地避免了陷入局部最优解。

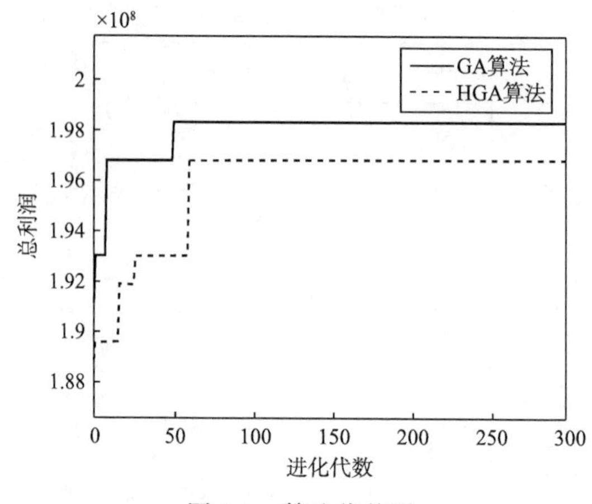

图 5.7　算法收敛图

图 5.8 为非联盟企业市场需求预测量与再制造产品销售单价对企业总利润的影响。联盟企业每周期内对再制造产品的预测需求量与再制造产品售价为定值，因此联盟企业产生的利润固定；非联盟企业对总利润影响较大。非联盟企业每周对再制造产品的预测量与销售价格未知。根据再制造难易程度与投入成本，对非联盟企业再制造产品进行定价，一般控制在原产品的 60% 左右。

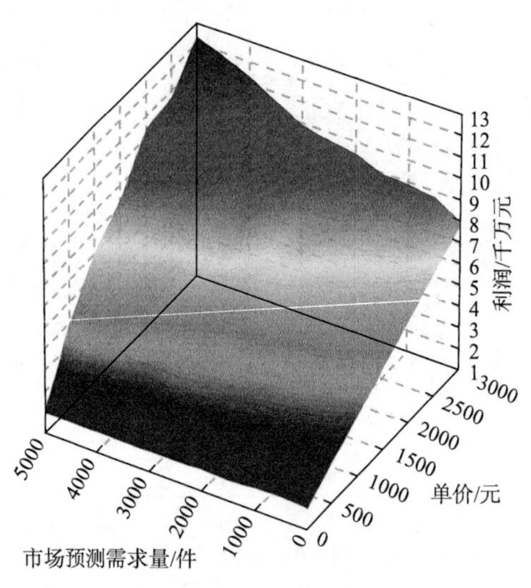

图 5.8　非联盟企业再制造品预测量、单价对企业利润影响

图 5.9 为非联盟企业回收数量与回收单价对企业总利润的影响。非联盟企业对废旧品的回收量是未知的，因此非联盟企业废旧品回收数量与回收价格对企业利润影响较大。

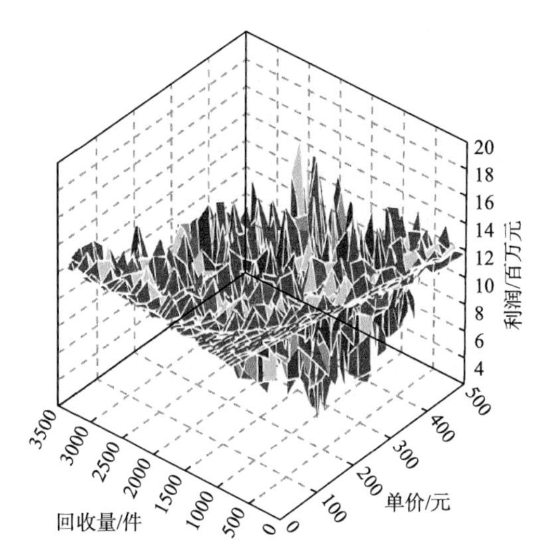

图 5.9　非联盟企业废旧品回收量、回收单价对企业利润影响

图 5.10 为联盟、非联盟企业拆卸率对总利润的影响。图 5.10（a）中，在 $1-\partial=0.8$的拆卸率下联盟企业产生的利润最优；非联盟企业未在废旧品最佳回收时域进行回收再制造，设备损耗严重，拆卸率低，需投入较多成本进行再制造，因此非联盟企业利润在本章中拆卸率下利润并非最优，图 5.10（b）为非联盟企业拆卸率对联合再制造企业利润影响图，当非联盟企业拆卸所得率为 $1-\beta=0.78$ 时企业利润最高。

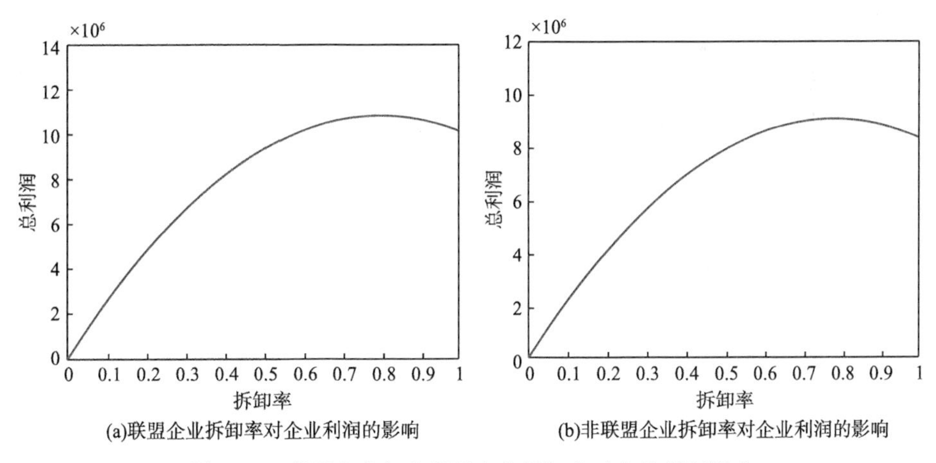

图 5.10　联盟企业与非联盟企业拆卸率对企业利润影响

本章建立了关于 SOMEJR 模式下的主生产计划模型。联盟企业与非联盟企业的废旧品回收后，经过联合再制造中心拆卸与检测，将可以进行下一步再制造处

理的废旧零部件进行再制造修复，彻底报废的废旧零部件进行绿色处理。模型包含了联盟企业与非联盟企业的废旧品二级拆卸成本、废旧零部件检测成本、报废产品处理成本、新零部件采购成本、废旧零部件库存成本，目标优化对象为企业利润。对于不确定变量引入三角模糊函数，最终优化目标，使企业总利润最大。最后通过算例分析，使用改进遗传算法求解模型，得到了每周期内最优新品采购数量以及再制造品装配数量；对非联盟企业市场预测需求量以及再制造产品单价、回收数量以及回收单价对企业利润的影响进行分析，得到了关系图，图中可直观反映出影响因素对企业利润的影响情况；对联盟与非联盟企业拆卸率对企业利润的影响进行分析，当联盟企业拆卸率与非联盟企业拆卸率分别为 0.8 与 0.78 时，企业利润最高。本章主生产计划模型基于 SOMEJR 模式之上提出，该模型比较符合目前实际问题，具有实用价值。

6 SOMEJR 模式的原型系统

面向服务的多企业联合再制造是面向信息集成的系统，各个系统之间通过信息交流共享来协调各个系统间的行为，使整个系统的流畅运行，使各种不确定因素对其造成的波动降到最低。在面向服务的多企业联合再制造模式中，废旧品回收时机预测、运输网络规划、车辆调度与生产主计划是整个信息系统的核心。本章建立在前文研究基础之上，给出了面向服务的多企业联合再制造系统信息集成框架模型，根据系统需求与特点，设计开发出面向服务的多企业联合再制造原型系统，验证本文提出的模型和研究的可行性[149]。

6.1 SOMEJR 系统信息集成框架模型

模型包括了六个主要系统：面向再制造设计系统、最佳回收时域预测系统、运输网络规划系统、主生产计划系统、车间调度系统、信息支撑系统。面向服务的多企业联合再制造信息集成框架模型如图 6.1 所示[150]。

模型中再制造设计主要包括再制造性设计、产品材料设计、可靠性设计等。再制造不是对废旧品简单地、大规模地维修，它是在资源充分利用的基础上，对废旧品进行技术、外观、性能、材料等方面的改良，通过对废旧品的重新开发来满足不同消费的不同需求。在 SOMEJR 模式中，再制造设计可以实现供应链上游的价值增值。对现有再制造系统进行设计，使不同消费群体的消费要求得到了满足，并获得良好反馈。再制造设计系统采用产品数据管理 PDM、CAD 或 CAE、CAPP 和 CAMM 等系统可以实现[151]。

SOMEJR 模式信息系统属于管理系统，包含了供应链管理系统、资源规划系统和用户管理系统，它可以辅助企业顺利运营[152]。

SOMEJR 模式下层控制系统为混合硬/软件系统，能够对企业实时动态进行监控，一般包括了可编程逻辑控制器（Programmable Logic Controller，PLC）、机

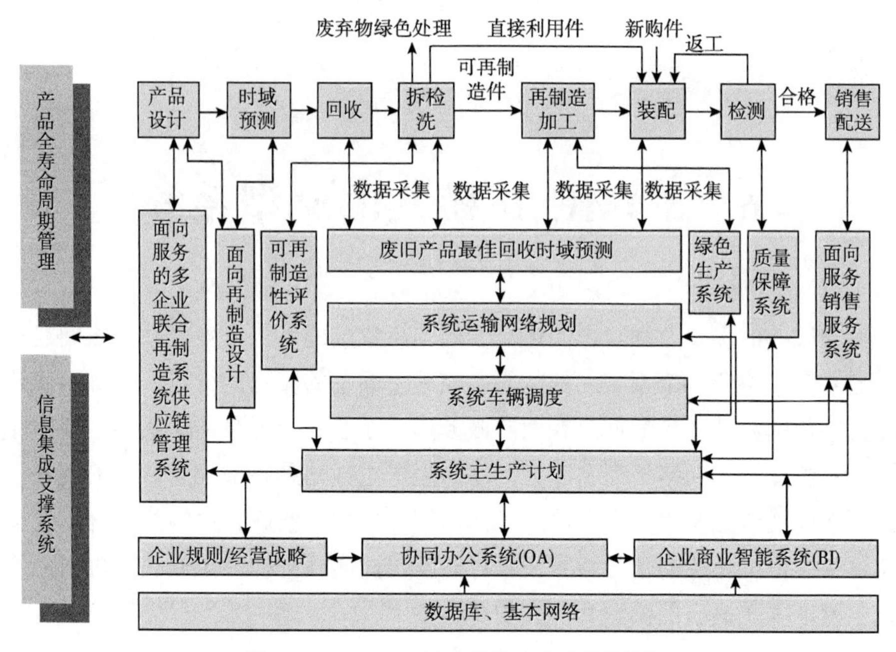

图 6.1　SOMEJR 系统的信息集成框架图

器人技术系统、分布式控制系统（Distributed Control System，DCS）、分布式数控（Distributed Numerical Control，DNC）、计算机数控（Computerized Numerical Control，CNC）、监控控制与数据采集（Supervisory Control And Data Acquisition，SCADA）系统、无线射频识别（Radio Frequency Identification，RFID）系统和其他。下层控制系统能够保障面 SOMEJR 系统顺利运作[153]。

评价系统确保再制造产品质量。主要包括废旧品的可再制造性评价系统、再制造产品质保系统与绿色生产评价系统。它从多个方面来评价可再制造性；绿色生产系统对再制造环保性评估，使再制造对环境的危害降低到最低；质保系统是对装配后的再制造产品的质量进行评价；信息集成系统是 SOMEJR 系统的基础，使各系统完整集成。它涵盖了计算机技术、信息安全保障系统、Web Services 技术和数据库技术等[154,155]。

SOMEJR 系统是一种综合上层管理与底层控制的一种全面的企业管理系统，SOMEJR 系统将企业中的每一个下级系统结合在一起形成整体，实现了面向服务的多企业联合再制造系统的系统集成，为企业的高效运作提供了支持，使企业运作过程清晰明了。由于废旧品最佳回收时域、运输网络优化和企业生产主计划是系统的重要程序，所以主要研究这三方面的信息系统[156]。

6.2 原型系统设计

本章中，面向服务的多企业联合再制造系统使用基于浏览器/服务器（Browser Server，B/S）模式的架构。使用 Inprise 公司，即原 Borland 开发的 Delphi7.0 作为开发工具，Microsoft Corp 的 SQL Server2000 作为数据库管理系统；使用 ADO（ActiveX Data Objects）技术进行数据访问。系统内部用户端以内部局域网连接服务器，系统之外的客户以 internet 连接拥有防火墙的服务器[154]。图 6.2 为 SOMEJR 模式系统的总体结构。

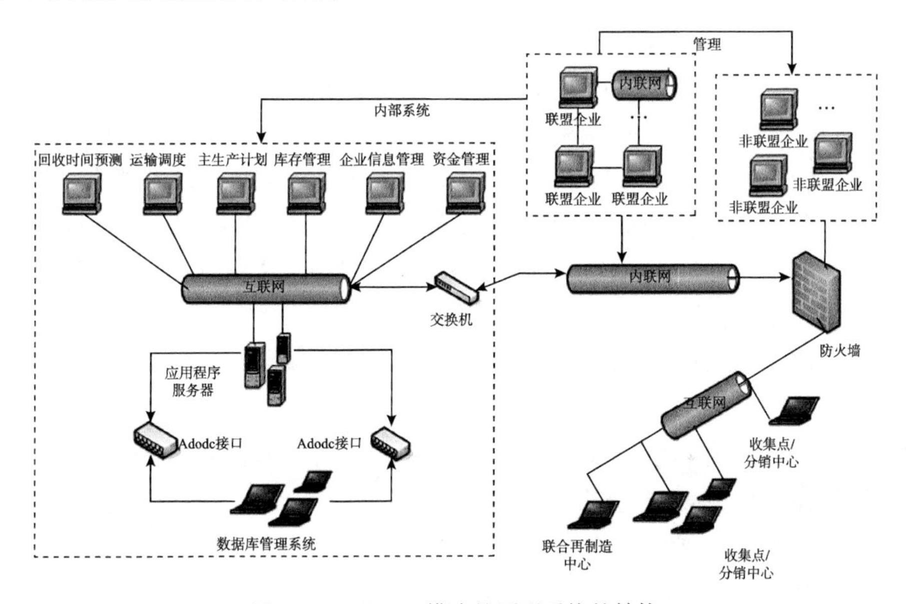

图 6.2 SOMEJR 模式的原型系统的结构

用户界面是客户端，呈现与用户切换的界面，包括废旧品最佳回收时域、车辆调度信息、处理中心选址信息、每周期新零部件采购信息、每周期再制造新品装配信息等；收到用户指令后对权限、操作指令进行审核，依据命令执行对应操作，如车辆路径规划结果、最佳回收时间、新零部件采购以及再制造新品装配数量显示等；数据库管理系统接收指令后进行相应操作，将结果反馈至服务器，再通过它反馈至客户端[157,158]。本文使用 SQL Server 2000 中一部分数据类型[154]。

6.2.1 Delphi 和 Matlab 集成

Matlab 是一种利用矩阵与矩列作为基本单元进行编程的计算机语言，被广泛应用在数值计算、系统识别与神经网络等诸多方面。Matlab 具有强大的计算功能，但是对数据的处理量比较大，导致效率低下，此外 Matlab 的交互性也较差。SQL Server 是一个性能较高、关系型数据库，它拥有建立数据库、开发与设计以及管理的功能。Delphi 是一种面向对象的 pascal 语言，它使用可视化集成环境（IDE）进行开发，具有容易操作，程序输入少，数据库引擎（BDE）、ActiveX 组件开发率较高，可对动态库进行调用等优点。因此将 Matlab 的强大计算能力与 SQL Server 的高性能数据库以及 Delphi 的编程灵活性相结合，实现多个系统的混合编程，使工作效率大大提升[159]。

通常使用的 Delphi 与 Matlab 两者间接口实现的四种方法如下。

（1）文件传输。文件传输数据是一种简洁并且实用的方法。将实际使用文件与 dat 文件的数据进行传递。通过使用这种方法可以使 M 编译为能够独立执行的 . exe 文件。. exe 文件能够顺利读取使用其他语言文件的数据，并且将计算后的结果放置在该文件中，再由其他语言解读计算结果。这样便避免了使用其他语言所进行的复杂计算[160]。

（2）使用 ActiveX 技术。ActiveX 是微软（Microsoft）公司开发的一款适用在组件集成的新协议。ActiveX 可在 Matlab 软件中嵌入组件，并且支撑 ActiveX 的自动化的控制端协议，通过 ActiveX 技术和 Matlab 接口。对 Madab 自动化服务器提供 3 类命令：Execute（执行命令）、PutFullMatrix（获取工作空间的数据）、Get-FullMatrix（对工作空间进行数据输出）。Delphi 利用 2 个函数来完成 ActiveX 接口与对象编程：Get Active Ole Object、Greats Ole Object。其中 Get Active Ole Object 对目前运行的 ActiveX 对象表进行访问，并返回 ActiveX 的指定对象；Greats Ole Object 则对 ActiveX 的指定的并未初始化的对象进行创建[161]。

（3）使用 Mideva 平台。Mideva 作为 Mathtools 开发的一款软件，它具有完善的 M 文件解释能力与开发环境。这款软件平台可以提供对多种编程语言进行开发的版本。

（4）COM 组件技术。COM 是 Component Object Module 的缩写，它具有通用接口，任意一种语言依据此接口标准，都能够实现调用[162]。

本系统实质上属于管理信息系统，通常使用常规信息系统进行开发，开发过程不再赘述。

本文中 Delphi 和 Matlab 无缝集成利用 ActiveX 来完成。ActiveX 是一种独立，并且不被开发环境影响的组件集成协议。ActiveX 控件可在多种环境中使用，Matlab 与 Delphi 都可以使用 ActiveX，所以系统采用自动化控制器技术以及 ActiveX 完成 Matlab 与 Delphi 的接口任务。自动化服务器组件利用一些程序来驱动，须有一个，甚至几个供这些程序进行创建与连接的 Dispatch 的接口。当 Matlab 为自动化服务器时能够被 Windows 平台上任一被充当自动化控制器的程序所使用[154]。

6.2.2 系统功能模块设计

根据 SOMEJR 系统所实现的功能要求，包括了基础参数模块、面向再制造设计模块、可再制造性评价模块、最佳回收时域模块、运输网络优化模块、车辆调度模块、处理中心选址、主生产计划模块、库存管理模块、车间调度模块、设备管理模块以及系统管理模块等。SOMEJR 系统组成如图 6.3 所示。

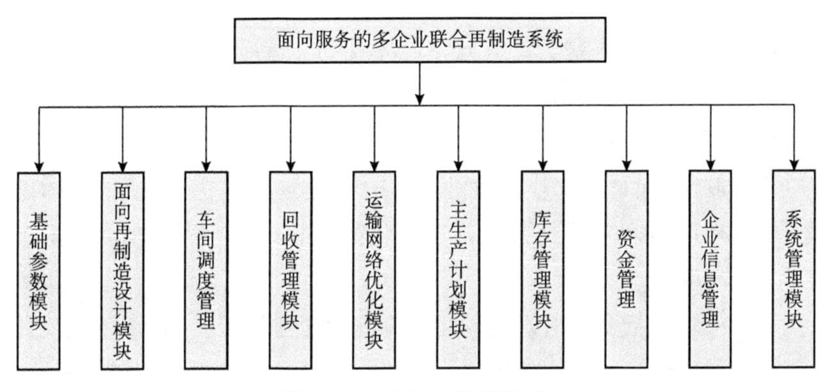

图 6.3 SOMEJR 系统组成

基础参数模块涵盖了编号、生产周期、员工信息、作业组信息、职位信息、再制造处理技术信息等的管理，为系统调度提供基础参数。

面向再制造设计模块主要对废旧品再制造处理进行升级设计，使废旧品的性能得到提升，根据客户的作业情况反馈信息对再制造产品进行改良设计；在新品生产之前便对产品进行面向再制造设计，为后续的废旧品回收与再制造提供良好基础[154]。

车间调度模块涵盖了工艺路线、约束、算法、调度模式等的确定以及运行结果等。

最佳回收时域模块对联盟企业的产品进行最佳回收时间预测，使回收的废旧品能够最大程度利用废旧零部件，使资源的利用最大化，减少再制造过程投入的成本，降低再制造产品的价格，为后续的工作打好基础。

运输网络优化模块对运输网络进行优化，包括车辆路径规划和处理中心选址。合理的路径规划可以使逆向物流辐射半径减小，从而减少运输过程中的成本；合理的处理中心选址同样可以使物流半径减小，降低运输成本，提高逆向物流空间流动速度，使企业运作效率提高，缩短运作周期。

主生产计划模块包括了废旧品二级拆卸管理、废旧零部件检测与清洗管理、再制造处理管理、新零部件采购管理、装配数量管理，主生产计划下达生产任务，车间以此为基础安排生产任务。

库存管理模块包含了废旧品回收管理，可用废旧零件、重用废旧件、报废零件、采购新零件以及再制造产品等的库存管理等。库存管理为车间调度提供了实时调度信息，有效减少系统不确定性对车间调度的不良影响。本章模型系统中，仅对非联盟企业库存进行管理。

资金管理包括联盟企业之间对联合再制造企业进行投资管理、设备采购基金管理、人员工资管理、收益分红管理、技术引进资金管理、企业运营成本管理等。资金管理主要对整个系统中参与者的资金流动进行管理。

企业信息管理包括联盟企业信息管理，包括企业名称、所在地、规模、主要产品、主要再制造产品、废旧产品回收时间等管理和联盟企业之间进行消息传递等管理。对于非联盟企业，主要包括企业信息，每周期预备回收的废旧产品种类、数量进行实时管理等。

系统管理模块包括系统对管理者、用户进行管理及帮助等。用户管理包括了使用人员注册、密码忘记找回与修改、用户登录、退出的相关操作，另外，管理员有权限管理系统。

6.2.3 原型系统使用方法

SOMEJR 系统主要功能是：用户对不同的要求进行相关输入与操作，运行出满足其需求的结果，不同系统运作流程如图 6.4 所示。

流程图 6.4（a）为废旧品最佳回收时域系统操作流程。

（1）登录后可进行对 SOMEJR 系统的操作；密码错误或未能成功登录，界面菜单对点击无响应；密码丢失或遗忘可在提示的帮助下寻回密码[154]。

（2）输入废旧品名称和编号，可调用该产品的最佳回收时机以及当前运行时间。

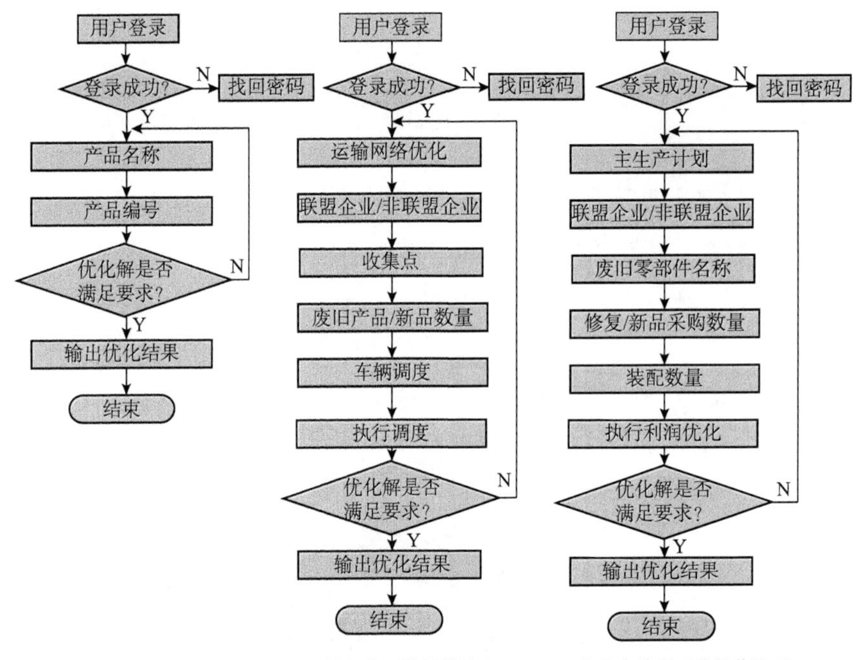

图 6.4　三个不同系统操作流程图

流程图 6.4（b）为运输网络系统操作流程。

（1）登录后，可进行对 SOMEJR 系统的操作；密码错误系统界面菜单对点击无反应；密码丢失或遗忘可在指示下寻回。

（2）选择企业性质，联盟企业或非联盟企业，选择对应收集点，可以查询该点废旧品回收数量以及应该运送的联盟企业新品数量。

（3）输入车辆编号可生成运输优化路线，以及运输里程和对应运输成本。

流程图 6.4（c）为主生产计划系统操作流程。

（1）登录后可进行对 SOMEJR 系统的操作；密码错误，系统界面菜单对点击无反应；密码丢失或遗忘可在指示下寻回。

（2）选择企业性质，联盟企业或非联盟企业，选择对应企业和产品编号，废旧零部件编号，可以查询对应的再制造产品装配数量和进行修复的废旧零部件数量以及新品采购数量。

（3）输入联盟企业或非联盟企业，可得该企业一个周期内再制造最优利润。

6.3 原型系统实现

面向服务的多企业联合再制造原型系统利用多层分布式 B/S、服务器来确保客户端程序顺畅运作，系统中一切功能均能够使用菜单与按钮来实现。

图 6.5 为面向服务的多企业联合再制造原型系统的主界面。登录后通过相应功能的按钮，选择与之对应的功能。此外还可在该界面中更改登录密码。

图 6.5 SOMEJR 原型系统的主界面

图 6.6 为登录管理界面。通过密码验证身份进行登陆操作，如忘记密码可点击相应按钮进行找回密码操作。

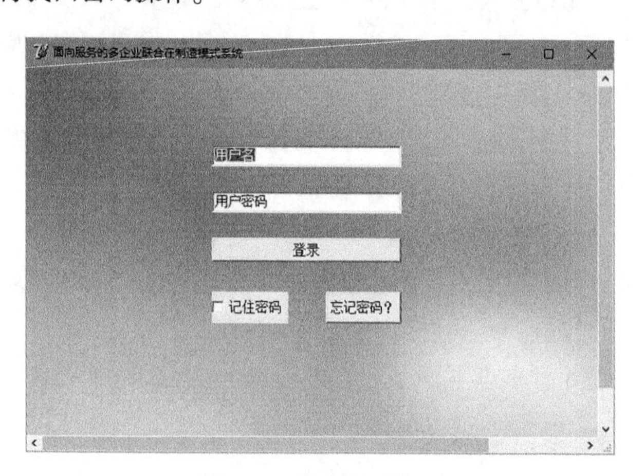

图 6.6 登录管理界面

图 6.7 为企业管理界面。可选择联盟企业与非联盟企业，进行企业信息查询等数据的检索。

图 6.7　企业管理界面

图 6.8 为联盟企业管理界面，左侧栏显示所有参与联合建设再制造企业的企业，可点击某一个具体企业查看该企业相关信息，包括参与企业维护人数、对哪些设备进行维护管理、企业主要再制造产品名称以及再制造数量等。

联盟企业

修改(S)　删除(T)　确定(U)　取消(V)　设置(W)　查询(X)　刷新(Y)　退出(Z)

联盟企业：万杰智能、新美星、广二轻、工大蓝舰、启州、超承、蒙牛、万杰国际、茅台、统一企业

人员维护 15　设备维护 01-03

再制造设备 洗瓶机 贴标机　再制造设备数量 110 115

	企业	人员维护	设备维护	再制造设备1	再制造设备2	再制造设备1数量	再制造设备2数量
1	茅台	15	01-03	洗瓶机	贴标机	110	115
2	统一	8	06-07	封口机	灌装机	150	149
3	广二轻	13	08-11	洗瓶机	填充机	110	170
4	新美星	6	03-05	裹包机	灌装机	105	95

图 6.8　联盟企业管理界面

图 6.9 为废旧品回收时机管理界面，左侧栏显示的为系统所有需要回收的废旧品名称，查询或修改废旧品数据时，可在右侧文本框内键入相应信息，这些信息包括需要回收的废旧品名称、需要回收的废旧品编号、企业属性，包括联盟企

业或非联盟企业。通过以上信息可以查询相关废旧品的最佳回收时域和已经服役时间等。

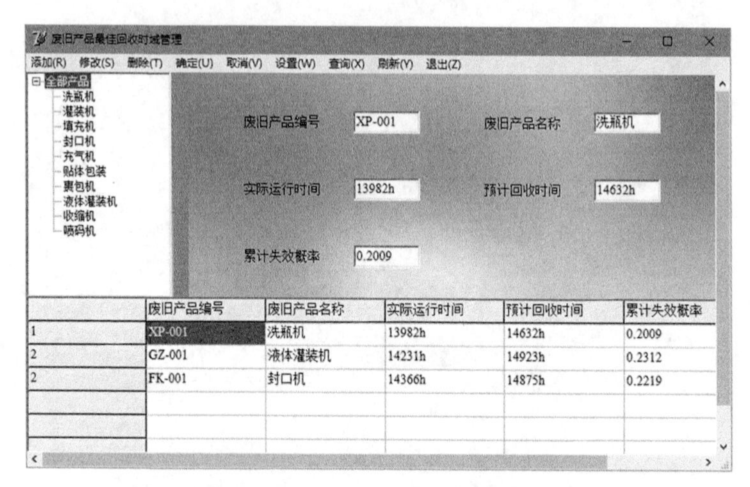

图 6.9　废旧品回收时机管理界面

图 6.10 为 SOMEJR 系统废旧品回收管理模块的界面，界面上为收集点、收集点坐标、收集点废旧品重量、需要运送的新品重量等相关信息。左侧为企业属性，包括联盟企业与非联盟企业。用户可以选择相关企业属性下的具体企业，得到该企业对应的收集点所有相关信息。

废旧产品总量

添加(R) 修改(S) 删除(T) 确定(U) 取消(V) 设置(W) 查询(X) 刷新(Y) 退出(Z)

联盟企业：万杰智能、新美星、广二轻、工大蓝舰、启州、超承、蒙牛、万杰国际、茅台、统一企业

非联盟企业：恒光、至诚、利麦、香飘飘

对应收集点 01　收集点坐标 30,30

废旧产品总重量 0.2t　收集点总重量 1.4t

新品运送量 1.2t

	对应收集点	收集点坐标	废旧产品总重量	新品运送重量	收集点总重量
1	01	30,30	0.2t	1.2t	1.4t
2	02	16,30	2t	2.8t	4.8t
3	03	20,46	0.8t	1t	1.8t

图 6.10　废旧品回收管理界面

图 6.11 为面向服务的多企业联合再制造系统收集点管理模块的选择界面，可以对收集点进行管理。联合再制造企业对联盟企业与非联盟企业的废旧品均进行回收，但联盟企业有优先权，必须对联盟企业的废旧品优先回收，当收集点即

将饱和时可选择停止该收集点对非联盟企业的废旧品回收。

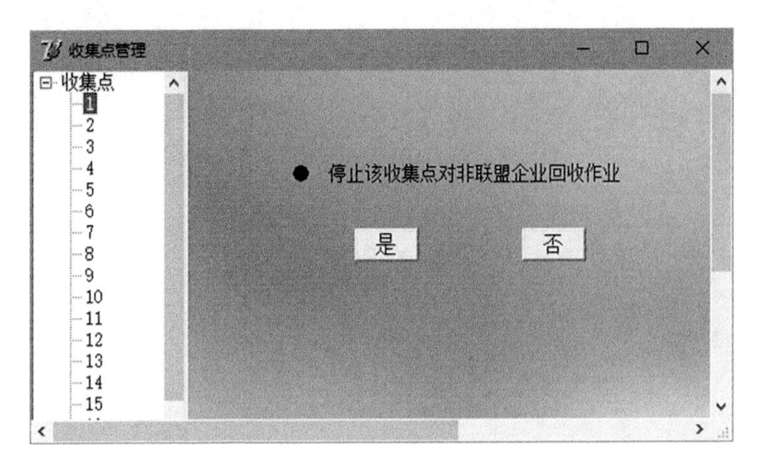

图 6.11　收集点管理界面

图 6.12 为面向服务的多企业联合再制造系统算法设计界面，选择相应算法对车辆与车辆运输路径进行合理规划，生成最优的运输路线图。

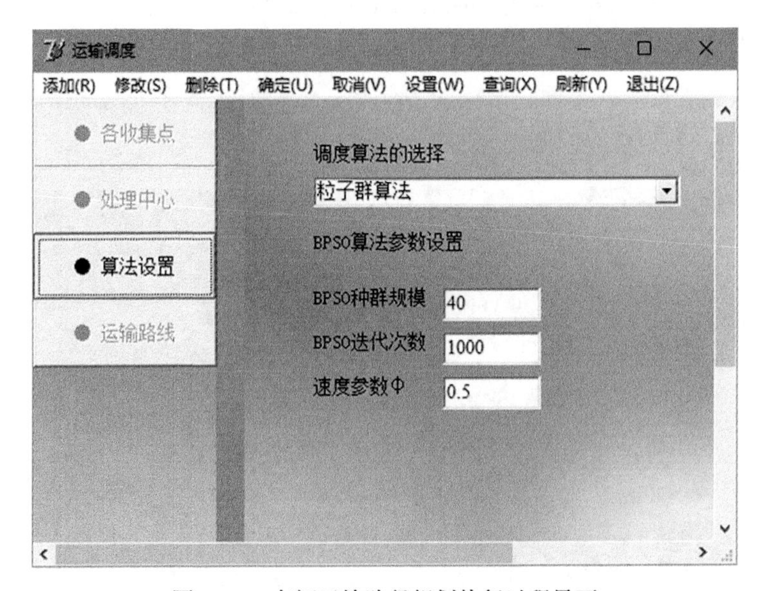

图 6.12　车辆运输路径规划执行过程界面

图 6.13 为 SOMEJR 系统车辆路径规划程序执行界面。

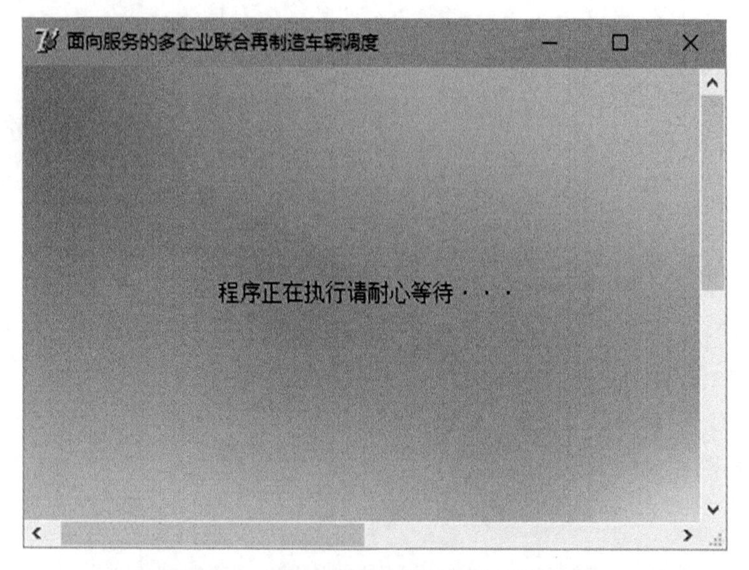

图 6.13　车辆运输路径规划执行过程界面

图 6.14 为 SOMEJR 系统车辆路径规划执行的结果界面。将优化后的车辆运输路径结果显示在该界面，包括车辆调度数目、每辆车的运输路径，以及车辆对哪个处理中心进行访问。面向服务的多企业联合再制造系统可以根据该结果进行车辆调度，获得最优运输成本。

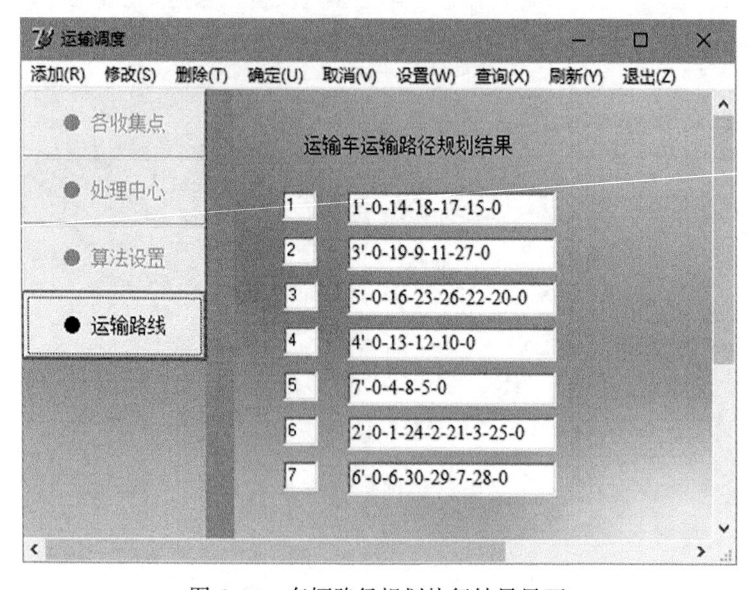

图 6.14　车辆路径规划执行结果界面

图 6.15 为面向服务的多企业联合再制造系统的主生产计划管理界面，点击不同企业属性下的各个企业，可以得到该企业每个周期内对市场需求的预测量、废旧品实际回收量、新品零部件编号、新品零部件的采购数量以及计划周期内完成实际装配的再制造新品数量，面向服务的多企业联合再制造系统可以根据运行结果进行企业生产安排。

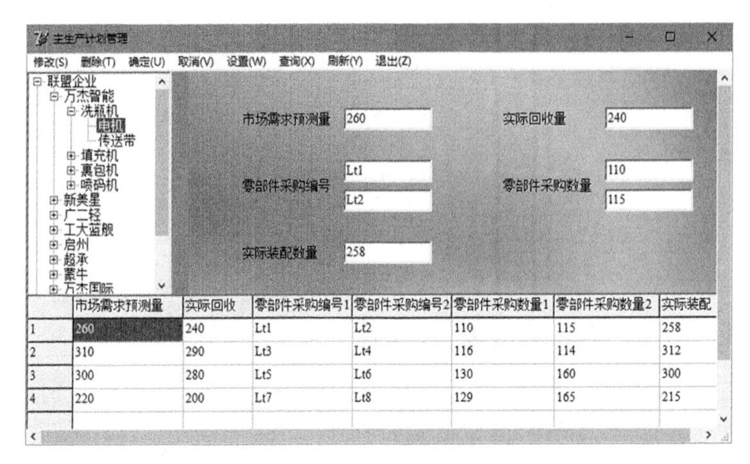

图 6.15　主生产计划管理界面

本章提出了 SOMEJR 系统信息集成框架模型，对面向服务的多企业联合再制造系统软件、运作环境、功能模块设计以及原型系统操作的四个方面进行阐述；对整个系统的各个模块进行系统设计，最后附上 SOMEJR 模式的原型系统，系统运行状态良好，各个功能模块与操作界面运行衔接流畅，验证了本书所研究的面向服务的多企业联合再制造模式的可行性。

7 SOMEJR 模式其他问题

7.1 针对食品机械再制造的政府扶持政策

7.1.1 相关法律法规发展进程

再制造在中国的发展经历了三个阶段：再制造技术产业初期萌生、再制造技术科学论证、政府在全国范围内推广。再制造技术在国内的大力推广以及后续稳定发展与国家出台的再制造相关法律法规密不可分[162]。再制造法律法规的出台是再制造技术得以推广的支柱，为其提供法律援助，规范参与再制造生产人员以及企业的行为，为更好、更快、更稳定地推广再制造技术打下坚实基础。再制造产业在中国尚处于发展阶段，各方面法律法规并不完善，我们应该借鉴国外先进的管理理念，逐步完善再制造相关法律法规，实现再制造产业快速、高效、飞跃式发展[163]。

20 世纪 90 年代初期，国内相继涌现了一批再制造企业。例如中德合资的上海大众再制造分厂、中英合资的中国重汽，以及部分企业开展的关于汽车发动机，车用电机等产品的再制造业务，均按照国际化标准执行。2001 年国务院出台《报废汽车回收管理办法》限定了废旧汽车应将主要部件以废旧金属回收至钢铁企业。该规定的出台严重制约了再制造产品的原材料来源，限制了再制造在中国的发展。

20 世纪末，徐滨士院士首次将“再制造”这一概念在国内提出，并于 2000 年对再制造技术工程概念、技术内涵，以及工程设计基础、关键技术等进行系统而详细的阐述。2006 年中国将机电产品的再回收与利用和再制造并列在建设节约型中国的重点工程内。在 2005 年到 2014 年十年时间里，中国出台颁布了多项法律法规，促使再制造工程在全国范围内大力发展，为再制造工程提供强大助力[164-166]。

2009年，工业和信息化部颁发的《机电产品再制造试点单位名单（第一批）》，涵盖了工程机械、矿山机械、机电设备、船舶、铁路机械、办公信息设备等再制造目标对象。2010年又将汽车纳入再制造目标对象中。2011年与2013年，工业和信息化部颁发的《再制造产品目录（第一批）》《再制造产品目录（第二批）》《再制造产品目录（第三批）》，目录中共包括工程机械、矿山机械、机电设备、船舶、铁路机械、办公信息设备、石油机械、轨道车辆、汽车零件、内燃机等设备[167]。

国外发达国家倾向于制定针对废旧产品回收的法律来约束废旧产品的回收行为。发达国家废旧产品回收法律几乎一致，废旧产品回收和处理由生产商承担，以此来减少报废产品的填埋对环境造成的损坏。例如，欧盟（WEEE）即废弃电器与电子设备指令、日本（SHRAL）指定电器回收法律与电脑回收系统和美国25州共同使用的电子废旧产品回收法律[168]。

目前，国内食品机械仍不在再制造目录中。国内废旧食品机械数量巨大，是进行再制造工程的良好原材料来源。

（1）将食品机械纳入再制造产品目录，出台相应的法律法规予以扶持，并规范食品机械再制造市场，严防一些没有资质的小作坊为了谋求利益粗制滥造不符合标准的再制造产品。应吸取国外经验，制定出一套适合中国食品机械再制造的模式。

（2）制定适用于食品机械再制造的标准流程与操作规范。食品机械关乎食品卫生安全，与人的健康息息相关，相比于工程类机械的再制造流程与操作规范应该更加详细、安全。例如，食品机械再制造表面喷涂修复技术应选取无毒无害材料；尽量使用清洁能源进行再制造处理；一些化学热处理技术也应选取对人体健康无害的材料。食品机械再制造一切应以人为本。

7.1.2 政府促进食品机械再制造产业发展

由于再制造的特殊性，政府需使用一定的强制手段规范企业经营行为，并且可以通过扩大宣传、教育等其他方式改变消费者的固有消费理念，影响消费者的消费习惯，带动再制造产业的发展，扩大再制造产品的影响。政府是整个再制造产业中重要角色之一[169]。

（1）示范企业

食品机械涵盖范围较广、领域众多。由于缺乏大资本的注入，因此知名企业较少。像利乐、GEA、康美包、SPX、克朗斯等大型食品机械企业都是国外企业[170]。国内知名食品企业有：广东轻工机械二厂智能设备有限公司、江苏新美星包装机械股份有限公司、河南万杰智能科技股份有限公司等。

广东轻工机械二厂智能设备有限公司于1975年成立，位于广东汕头。公司主要生产用于啤酒、饮料的灌装与包装生产线的成套设备。主要客户多为国内知名啤酒与饮料品牌，包括燕京啤酒、嘉士伯、青岛集团等，产品一度出口越南、巴西与印度等国家，市场已经逐步向国际扩展。该公司研发人员目前有72人，其中高级职称6人。研发团队实力在国内属于较为雄厚的。

江苏新美星包装机械股份有限公司，主要以饮品、乳品、酒、调味品和日化类产品为主，为客户提供饮水处理、吹瓶、二次包装、智能搬运等业务。至今已与可口可乐、雀巢、娃哈哈、怡宝、海天、纳爱斯等国内外知名品牌合作。两千多条生产线分布在全世界八十多个国家与地区。

河南万杰智能科技股份有限公司，成立于1996年，是一家集研发、生产与销售一条龙的大型企业。该公司业务涵盖了和面、揉面、面条等主食生产线与蒸制等七个类型五十余种产品，产品覆盖了国内二十三个省市与自治区。属于河南省面食食品机械领域的龙头企业。

对上述三个大型食品机械企业进行网络调查，企业均未开展任何与再制造相关的业务。虽然企业暂未开展废旧产品再制造业务，但是企业对资源节约、绿色环保、走持续发展道路表示极大支持。以广东、江苏、河南省为例，以该省内食品机械领先企业为示范，开展多企业联合共建再制造企业。图7.1为广东轻工机械二厂智能设备有限公司为主要参与企业的多企业联合共建再制造企业模型。广东省处于沿海经济发达地区，实力雄厚的食品机械企业相比其他省份较多，政府可协助企业共同建设再制造企业，做出表率，起到模范带头作用。

江苏省同位于经济发达地区，省内有众多大小规模不一的食品机械企业，其共建再制造企业模式类似广东省模式，相比广东省，政府应加大支持力度，包括省政府与地方政府共同出资，支持共建再制造企业的建立。图7.2为江苏省多企业联合共建再制造企业模型。

河南省内实力雄厚的食品机械企业并不是很多，但是有国内著名食品生产企业，例如，河南漯河市双汇实业集团有限公司、河南邦杰实业集团有限公司、郑州海嘉食品有限公司、河南思念食品股份有限公司等。河南省可以万杰智能科技股份有限公司为主，联合多个食品机械企业与食品生产企业结为联盟，共同建设再制造企业。图7.3为河南省多企业联合共建再制造企业模型[171]。

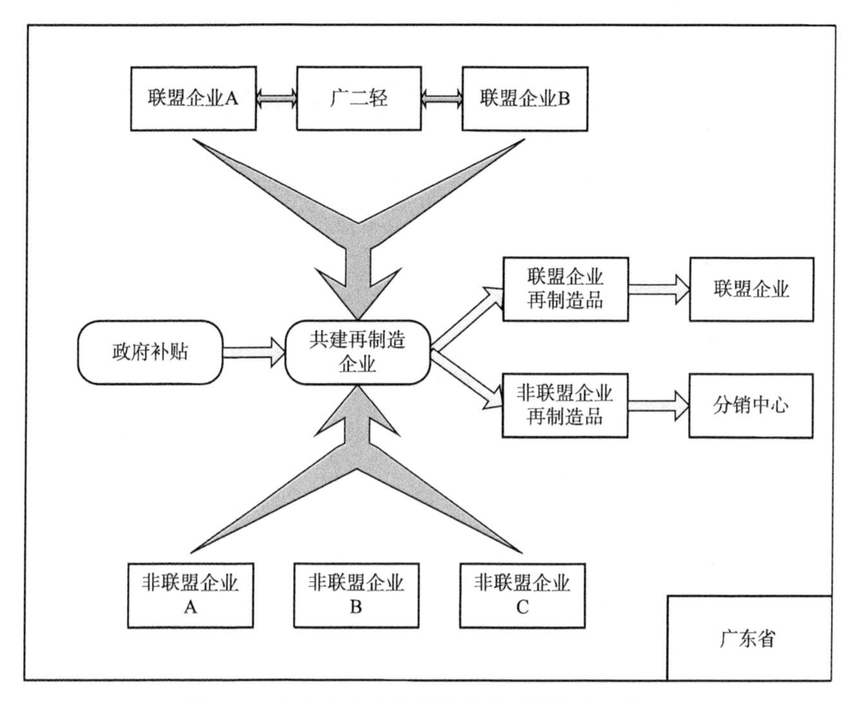

图 7.1　广东省多企业联合共建再制造企业模型

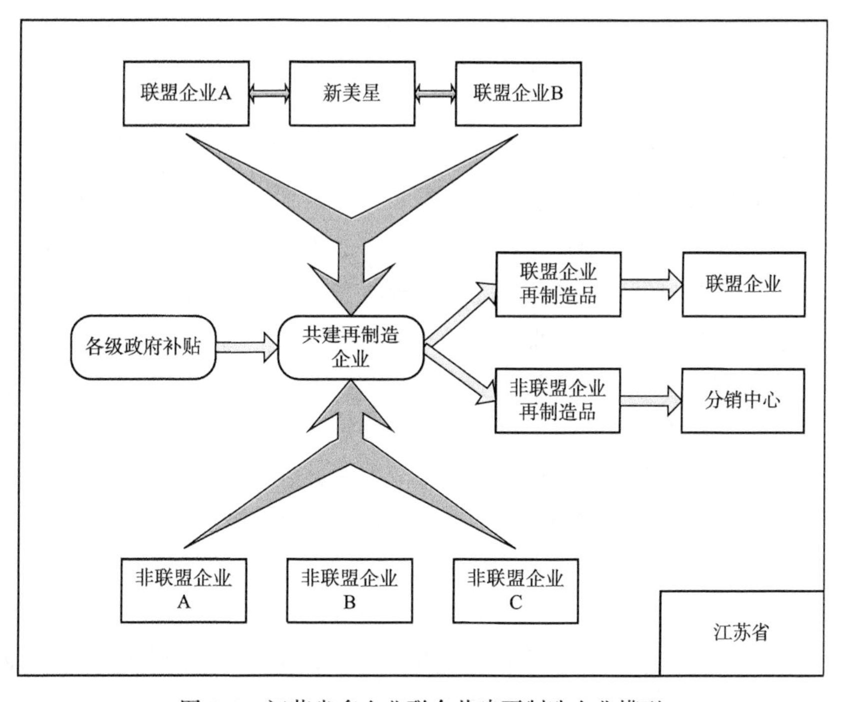

图 7.2　江苏省多企业联合共建再制造企业模型

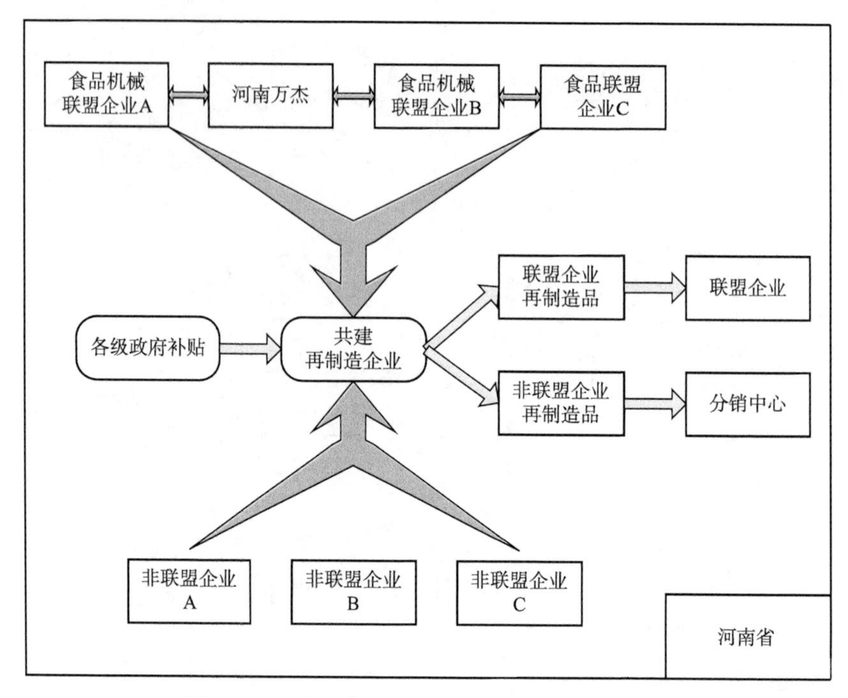

图 7.3　河南省多企业联合共建再制造企业模型

在政府补贴支持下，建立示范企业，在环节企业资金紧张的情况下，鼓励大型食品机械企业对废旧食品机械进行回收和再制造，带动中小型企业。坚定不移地走可持续发展的道路。

（2）减免税收

中国对再制造产品实行税收优惠政策，针对发的《再制造产品目录》，研究将列入目录的再制造产品实行税收优惠政策，推动银行和金融机构为再制造提供担保和信贷等投资与融资服务。循环经济专项资金应将再制造研发、示范和推广重点扶持，鼓励政府机构、事业单位率先使用再制造产品，并大力推广[172]。国家的税收政策仅对进入再制造目录的产品实行，而食品机械并未进入再制造产品目录。国家应尽快将食品机械再制造纳入税收减免政策对象中，并鼓励地方有经济实力的民企、个人等对食品机械再制造尽一份力量。鼓励当地食品加工企业以及小作坊主动将废旧食品机械送至指定回收点，并对积极主动参与废旧食品机械回收与再制造的食品机械予以一定的奖励与税收减免政策，使食品生产企业以及个人对食品机械再制造积极性提升。对于参与建设食品机械再制造的企业同样实行一定程度的税收优惠政策，并鼓励地方银行、金融机构为食品再制造企业建设提供银行贷款等业务，并对贷款利率给予一定的优惠。

（3）惩罚政策

国家应出台相应惩罚政策，不按规定处理废旧食品机械的企业和个人应缴纳相应罚金。

①以回收数量作为惩罚目标。王文宾[173]等对再制造奖惩机制进行设计，共建立六种情况下的决策模型，其中四种情况下奖惩机制对引导回收企业提高废旧产品回收质量有效。食品机械再制造品市场需求量与废旧食品机械的回收量有直接关系，当市场需求量大于废旧产品供应量时，则会出现缺货情况。当市场需求量远小于废旧产品回收量，将会造成库存积压。在面向服务的再制造模式下，应该对联盟企业废旧产品回收数量建立相应的惩罚机制。在消费者购买产品初期与制造商签订合同或协议，当食品机械达到最佳回收时间时，消费者将废旧产品送回进行再制造，如果消费者未按合同协议，在废旧食品机械达到最佳再制造时间将产品按数送回，或是以低价出售给共建再制造企业时，将对消费者进行惩罚。

②以回收质量与回收时间作为惩罚目标。冯昱[174]等以销售和制造商回收废旧产品质量检测为研究问题，建立了废旧产品回收质量检测的博弈模型，对参与博弈的两方检测行为开展稳定性分析。结果证明，制造和销售商对废旧品检测成本以及惩罚成本对两方决策有较为明显的影响。由此可见，一定的惩罚成本对废旧产品回收质量的把控具有积极影响。

在面向服务的再制造模式下，食品机械新品在出售前，通过对其最佳回收时域的计算分析，确定废旧食品机械的最佳且最合理的回收时域，在此时域对废旧产品进行回收，可将再制造处理成本、资源利用率达到最大。食品机械的服役环境相对工程机械、矿山机械、机床等从事工程类活动的机械设备服役环境较为稳定，很少出现由于环境恶劣引起的食品机械设备过度服役、损坏、报废情况。废旧食品机械的质量与食品机械服役时间之间的关系较为紧密。因此，建立食品机械回收时间与质量相结合的惩罚制度，对于未能在约定时域内将废旧食品机械送至联合共建再制造企业的联盟企业，对其应进行相应惩罚。假设制定两项惩罚因子 ∂、β，∂ 表示回收时间惩罚因子，对联盟企业未能按约定时间回收废旧食品机械的惩罚因子，β 表示逾期回收的废旧食品机械应该检测其质量，如未达到预期废旧食品机械质量标准的将进行惩罚，对满足预期食品机械废旧产品质量要求的废旧产品只进行逾期时间惩罚。

与传统再制造模式中对废旧产品回收质量的惩罚相比，面向服务的再制造模式下的惩罚更具有合理性，明确了最佳回收时域；传统废旧产品回收对质量的划分没有明确界定，因此惩罚的多少没有具体衡量标准。面向服务的再制造模式下，预留给企业一定的缓冲时间，在这段时间内合理安排生产，在不影响企业生产的情况下对废旧食品机械进行回收，逾期的将进行惩罚。图 7.4 为传统回收模式与面向服务的再制造模式的对比。

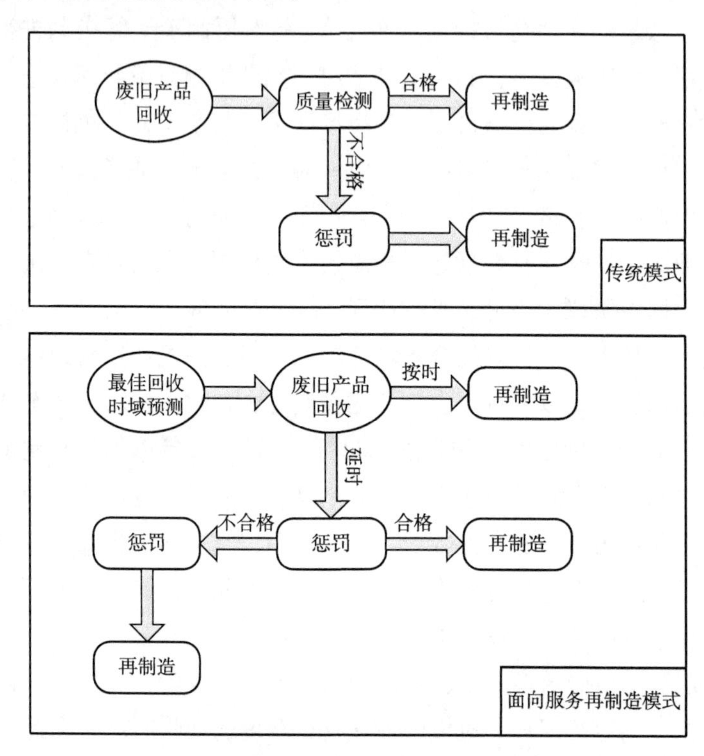

图 7.4　两种再制造模式惩罚方式对比

7.2　影响消费者对食品机械再制造积极性的因素

Chitra[175]研究了消费者的环保意识对其购买环保型产品的影响，研究结果证明：消费者越具有高的环保意识越倾向于购买具有环保性质的产品，并愿意为其支付更高的费用。葛静燕等[176]对消费者的环保意识与再制造品间存在的纵向差异进行研究，并在研究的基础之上建立起关于市场需求的函数，并针对零售商与制造商的定价策略进行探讨。这里提及的社会环保意识是指广大消费者对新产品与再制造产品两者之间差别的认可程度，消费者趋向于认为，再制造产品与新产品之间的差别越小，越接近，那么再制造产品更易被接受，则环保意识更高。房巧红[177]建立了考虑消费者环保意识的再制造逆向物流决策模型，研究了再制造逆向物流决策模型是如何受消费者环保意识影响的。房巧红所指出的公众环保意识为公众关于再制造废旧品回收企业对废旧产品的回收与再制造率的期望和市场需求对再制造品环保性敏感程度。Straughan 与 Roberts[178]通过研究发现，感知消费效力能很好地影响消费者的环保行为，并且是最具影响力的因素。在调查绿色环境观念是否对消费者选在具有环保性餐厅用餐的影响时选取 7 个层面进行研究测评，涵盖了集体主义、环保潜意识、感知消费效力、行为态度、主管意识以及感知力。研究证明除去环保意识以及感知行为控制，其他 5 个层面均对消费者的消费意愿有明显影响。许嘉文[179]对消费者购买再制造品的意愿影响因素进行分析，并以打印耗材为研究对象。消费者越具有绿色消费意愿，则越趋向于购买绿色再制造产品。以计划行为理论为指导思想，建立了消费者对于再制造商品购买意愿的研究模型。

影响食品机械再制造的首要因素是消费者的环保意识和对废旧产品的处理意识。当一台食品机械报废，或者维修成本过高时，消费者选择将产品搁置，或低价处理给废铁收购中心，再或卖给小型食品企业。无论消费者做出何种选择、何种决定，消费者对废旧产品的处理方式以及处理意识和态度都囊括在废旧食品机械处理意识中。由此可见，消费者掌握越多的关于废旧食品机械的知识，越有利于提升本身的环保和安全意识。对消费者废旧食品机械处理分析，主要从消费者固有的传统消费习性和观念，消费者是否有强烈的环保意识，消费者对废旧食品机械的回收是否具有强烈的责任感三个方面进行分析。

7.2.1 消费者购买意识激励

消费者的消费意识。中国目前处于发展中国家，消费者还保持较为传统的消费意识，并且勤俭持家历来是中华民族的传统美德，在消费水平落后的时代，消费者水平普遍偏低，使大量的废旧产品还在“带病运作”，甚至一些超过使用年限的废旧产品依旧坚守在生产一线。这些便是中国消费者由来已久的消费意识，消费者已经形成一台设备或者产品应该持续使用直达完全报废才放弃的消费习惯。

再制造产目前还未能被广大消费者所接受，在传统消费者概念中，再制造品无法与新品媲美，再制造产品是“二手商品”，可能存在使用年限打折、使用过程中需要反复维修、劳民伤财、再制造产品性能相比新品远远落后等陈旧且固化的思想观念[180]。

部分消费者具有超前的消费意识以及环保理念，他们能快速接受新鲜事物，他们能接受先进的思想以及技术，这些消费者从老旧、传统的消费意识观念逐步向科学、绿色环保、低碳合理的消费意识观念靠近。能够接受再制造产品，但是他们却不知道从何处购买再制造产品，或者这部分消费者愿意积极主动配合进行废旧产品再制造处理，却不知道将废旧产品送往何处，或者没有合适的再制造品回收处理机构来接收他们的废旧产品。这一系列问题导致了再制造技术以及再制造产品在中国推广的难度。中国将更多的关注点放在工程机械、矿山机械、汽车等大型机械设备，而忽视了食品机械。为了激励消费者对食品机械再制造产品的购买意识，应该做以下工作。

（1）扩大食品机械再制造影响力。为了扩大食品机械再制造品的影响力，食品制造企业可将有关信息印刷在食品外包装上，在消费者购买产品、阅读产品包装信息时，可对再制造品有初步了解或者加深再制造产品对消费者印象。联盟食品机械企业可将联合共建再制造企业信息附在产品说明书上，以此来宣传食品机械再制造企业。

（2）联合共建再制造企业可免费提供非联盟大型食品加工企业再制造产品，并对企业进行使用效果调查，调查持续跟踪数年，收集调查资料，采集企业使用后反馈信息，并对再制造产品使用企业满意度进行调查。食品企业对再制造品的满意度越高，调查效果越好，再制造产品就能通过大型食品企业进行广泛宣传，并带动中小型企业对再制造产品消费，进一步扩大再制造产品的市场影响力与知名度[181－183]。

7.2.2　激励消费者加强可持续发展观念

简而言之，消费者的可持续发展观念，即消费者的环保意识、绿色意识。废旧产品能否及时得到回收，再制造过程能否顺利实现的前提是消费者的环保意识能否提高。地球是人类赖以生存的环境，过度使用产品，随意丢弃，都是肆意浪费地球资源，对环境的破坏。不科学的废旧产品处理方式，会对人的身体健康造成威胁并且破坏了生态环境。随着可持续发展科学理论的提出已经普及，越来越多的消费者已经意识到走可持续发展道路的重要性。在对陕西省几家大型食品生产企业走访过程中了解到，厂家对废旧食品机械回收再制造的行为表示极大支持，对环境保护、节省地球资源、减少三固废物排放等做法表示赞同，并且一些企业已经开始为环保尽一份力量了。在对偏远地区的食品制造企业进行走访中了解到，虽然该地区交通较为闭塞，信息欠发达，但是人们对环境保护的意识较高，愿意参与到保护环境行动中来，走可持续发展道路。由此可见，中国消费者普遍具有比较强烈的环保意识，只是由于资金缺乏、信息传递滞后、交通不便等原因致使消费者不能在行为上实时参与进来[184-186]。

就食品机械再制造，我国应建立以发达地区带动偏远地区，以大型企业带动小型企业的模式来开展食品机械再制造活动。

7.2.3 激励消费者主动参与再制造

消费者主责任意识。在发达国家中，废旧产品回收所产生的费用通常由消费者负担，而制造商只负责再制造处理，并且国家会给予一定的资金补偿。发达国家认为，废旧产品的直接丢弃者是供应链终端的消费者，从该角度出发，消费者有责任和义务主动将废旧产品回收至指定回收企业以及机构，让废旧产品合理再利用，并为此支付一定的回收费用。中国针对再制造以及废旧产品回收制定了系列政策方针，其中对消费者行为与责任进行明确划分，规定消费者不能将废旧家电等擅自拆卸或者随意丢弃，应该将其出售给法律中明确规定的回收机构。综合我国现阶段国情，并未对处罚条款加以明确规定。在中国目前废旧产品回收中，仍然以生产商支付回收费用的方式，政府设立专项基金出资部分费用，之后慢慢过渡到发达国家回收体系[187,188]。

废旧食品机械回收动机因人而异，究其根本无非经济与非经济两种原因。企业效益好的有能力对废旧产品进行回收，为资源节约与环保贡献一份力量。但对于经济效益差，且规模小的食品生产企业，没有经济实力支付废旧品回收费用，虽然有节约资源与环保意识但也是徒劳。因此应采用激励措施，利用经济激励刺激此类企业主动参与再制造，积极回收废旧产品。面向服务的再制造多企业联合共建再制造企业模式能够很好地刺激中小企业主动参与到再制造行动中来，实现双方获益，刺激其积极性[189]。

7.3 企业智能化发展

食品机械应顺应时代发展的要求，研制出更多智能化产品，使产品更具有科技型。食品机械应该根据中国现状抓住时机，加速技术革新，走绿色、节能、环保的可持续发展道路，食品机械再制造是必然发展趋势。

（1）产品智能化。食品机械智能化可以代替人工，大幅度提升企业生产效率，智能化也能降低食品安全的风险。从企业资金成本上来说，智能化食品机械的投入生产可减少人工劳动，节约了人工费用、车间管理费用。食品机械再制造应引进先进技术，赋予再制造产品更多的科技含量，提升再制造品品质，使消费者对食品机械再制造产品的满意度与使用体验上升[190]。

（2）再制造车间智能化。计划排产智能、生产过程协同智能和智能控制资源管理是目前智能车间的主要特点。车间智能化是提高食品机械再制造生产效率的重要因素，实现了人与机器互动操作。数控，计算机和多媒体等科技的结合，实现了高速、精确、高效的制造模式[191]。早在2010年宝鸡卷烟厂便率先实现了车间智能化，车间运输使用机器人来提高车间运转效率。宝鸡卷烟厂车间如图7.5、图7.6所示。

图7.5　宝鸡卷烟厂操作车间1

图7.6　宝鸡卷烟厂操作车间2

车间配备智能搬运车、智能仓储；利用计算机技术合理规划物料搬运路径、流水线生产调度。例如：传统搬运车需要人工操作、识别搬运物、规避障碍物。随着科技的发展，智能搬运车逐渐进入生产车间，例如基于二维码识别的智能搬运车，结合智能回转中心。再制造车间可对食品机械再制造新品、食品机械废旧产品、废旧零部件、新零部件、报废品进行二维码编码，不同型号、不同种类的产品拥有属于自己的二维码，在产品搬运过程中，搬运车通过接受搬运指令，对目标搬运物进行二维码识别扫描，即可完成一次搬运任务。过程中无需人工操作，智能快捷。如图7.7、图7.8为智能搬运车。为了实现车间高速运转，实现再制造新品、废旧产品、新/旧零部件的快速配送，需对再制造车间配送路径进行优化。

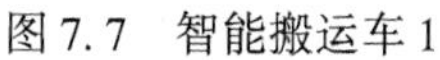

图7.7　智能搬运车1

图7.8　智能搬运车2

本章对面向服务的多企业联合共建再制造企业其他相关问题进行分析说明。一种再制造模式的推广离不开政府与法律的支持，更离不开消费者的参与，目前国内没有食品机械再制造相关的法律法规。本章结合现有的法律法规对本书中提出的新型再制造模式进行分析，针对政府应从建立示范企业开展食品机械再制造，联盟企业可以是食品机械制造企业，也可是食品制造企业，根据当地实际情况而定；对食品机械再制造企业和相关机构可以提供一定的资金支持与税收优惠政策。从消费者角度出发，应加强消费者对食品机械再制造产品的购买意识，加强企业与消费者的环保意识，走可持续发展的道路。鼓励企业与消费者积极主动参与食品机械再制造。

8　关于 SOMEJR 模式的未来展望

随着能源危机与环境问题的日益严重，再制造逐渐被人们重视，通过分析再制造工程的发展历程可以看出，再制造是缓解资源危机，走可持续发展道路的重要途径。本文以食品机械为研究对象，指出食品机械进行再制造的重要性与迫切需求；针对食品机械的特点，提出一种适合食品机械再制造的新型模式，即面向服务的多企业联合再制造模式；并对该模式下的，最佳回收时域、运输网络优化以及主生产计划几个关键技术问题进行深入研究。最后对面向服务的多企业联合再制造原型系统进行设计。SOMEJR 模式包括了 SOR 模式和 MEJR 模式，相比传统加工模式，SOMEJR 模式具有显著优势，该模式更适合进行食品机械再制造以及其他对再制造有特殊需求的产品。

再制造在中国的发展较为迅速，再制造模式也应顺应时代与科技的发展。就本书所做的研究来说，还应在以下方面做深入研究，再制造的发展任重而道远。

（1）在面向服务的多企业联合再制造模式下包括了多个关键技术，本书仅研究了其中一少部分，SOMEJR 模式中还有其他关键技术亟待解决，需进行深入研究。

（2）今后可以针对参与联合再制造企业的数量和资金分配方面着手使整个系统成本最小。另外，对于联盟企业食品机械再制造新品的定价，非联盟企业食品机械再制造新品定价也将是下一步研究的重点。

（3）针对补贴金额与再制造产品定价之间的关系建立模型进行优化求解，确定合理补贴金额使企业利润最优。

参考文献

[1] 熊威．国外再制造产业发展经验与启示［J］．中国工业评论，2017（z1）：44－48.

[2] Shuoguo Wei，Dongbo Cheng，Erik Sundin，Ou Tang. Motives and barriers of the remanufacturing industry in China［J］. Journal of Cleaner Production，2015，94.

[3] Xu B，Li E，Zheng H，et al. The Remanufacturing Industry and Its Development Strategy in China［J］．中国工程科学，2017.

[4] 徐滨士，梁秀兵，史佩京，蔡志海．我国再制造工程及其产业发展［J］．表面工程与再制造，2015，15（2）：6－10.

[5] Li D Y，Li W. Technical Economic Analysis of Remanufacturing of Large－Scale Food Processing Equipments［J］. Advanced Materials Research，2011，201－203.

[6] 孙浩，叶俊，胡劲松，等．不同决策模式下制造商与再制造商的博弈策略研究［J］．中国管理科学，2017，25（1）：160－169.

[7] 张宏宇，王国扣．现代食品机械产品质量保证的基本要求［J］．包装与食品机械，2013，31（1）：54－57.

[8] 王其锋．面向服务的再制造回收决策与生产调度研究［D］．长安大学，2017.

[9] Sutherland J W，Adler D P，Haapala K R，et al. A comparison of manufacturing and remanufacturing energy intensities with application to diesel engine production［J］. CIRP Annals － Manufacturing Technology，2008，57（1）：5－8.

[10] Song S，Liu M，Ke Q，et al. Proactive remanufacturing timing determination method based on residual strength［J］. International Journal of Production Research，2015，53（17）：5193－5206.

[11] Li J，Du W，Yang F，et al. Evolutionary Game Analysis of Remanufacturing Closed－Loop Supply Chain with Asymmetric Information［J］. Sustainability，2014，6（9）：6312－6324.

[12] Majumder P，Groenevelt H. Competition in remanufacturing［J］. Production and Operations Management，2001，10（2）：125－141.

[13] YIN X，ZUSCOVITCH E. Is Firm Size Conducive to R&D Choice? A Strategic Analysis of Product and Process Innovations［J］. Journal of Economic Behavior and Organization，1998，35（2）：243－262.

[14] 李聪波．绿色制造运行模式及其实施方法研究［D］．重庆大学，2009.

[15] Örsdemir A，Eda Kemahl&#x；o&#x f；lu－Ziya，Parlaktürk A K. Competitive Quality Choice and Remanufacturing［J］. Production & Operations Management，2014，23（1）：48－64.

[16] Ferrer G, Swaminathan J M. Managing New and Remanufactured Products [J]. Management Science, 2006, 52 (1): 15 – 26.

[17] SAVASKAN R C, BHATTACHARYA S, WASSENHOVE L N V. Closed – loop supply chain models with product remanufacturing [J]. Management Sciene, 2004, 50 (2) : 239 – 252.

[18] Jin M, Nie J, Yang F, et al. The impact of third – party remanufacturing on the forward supply chain: a blessing or a curse? [J]. International Journal of Production Research, 2017: 1 – 12.

[19] Mavi R K, Goh M, Zarbakhshnia N. Sustainable third – party reverse logistic provider selection with fuzzy SWARA and fuzzy MOORA in plastic industry [J]. International Journal of Advanced Manufacturing Technology, 2017, 91 (5 – 8): 2401 – 2418.

[20] SAVASKAN R C, WASSENHOVE L N V. Reverse channel design: the case of competing retailers [J]. Management Science, 2006, 52 (1) : 1 – 14.

[21] Bulmus S C, Zhu S X, Teunter R. Competition for cores in remanufacturing [J]. European Journal of Operational Research, 2014, 233 (1): 105 – 113.

[22] Li Y, Chen J, Cai X. Heuristic genetic algorithm for capacitated production planning problems with batch processing and remanufacturing [J]. International Journal of Production Economics, 2007, 105 (2): 301 – 317.

[23] Ferguson M, Fleischmann M, Souza G. Applying Revenue Management to the Reverse Supply Chain [J]. Erim Report, 2008, 80 (2): 25 – 26.

[24] Vaidyanathan Jayaraman. Production planning for closed – loop supply chains with product recovery and reuse: an analytical approach [J]. International Journal of Production Research, 2006, 44 (5): 981 – 998.

[25] Paterson D A P, Ijomah W L, Windmill J F C. End – of – life decision tool with emphasis on remanufacturing [J]. Journal of Cleaner Production, 2017, 148: 653 – 664.

[26] Sundin E, Björkman M, Jacobsson N. Analysis of service selling and design for remanufacturing [J]. International Institute for Industrial Environmental Economics Lund University Lund Sweden, 2004: 272 – 277.

[27] BARKER S, KING A. The development of a Remanufacturing Design Platform Model (RDPM): applying design platform principles to extend remanufacturing practice into new industrial sectors.

[28] 李恩重，史佩京，徐滨士，等. 我国再制造政策法规分析与思考 [J]. 机械工程学报，2015, 51 (19): 117 – 123..

[29] 李菁，李帮义，翟羽佳. 基于 EPR 背景的再制造系统中的战略决策研究 [J]. 价值工程，2010, 29 (31): 71 – 72.

[30] 李帮义，姜金德，杨丽. 再制造系统外部竞争要素的作用与委托代理机制 [J]. 系统科

学与数学，2011，31（11）：1423－1429.

[31] 赵晓敏，朱贺，谈成薇．政府财政干预对 OEM 厂商绿色再制造的影响［J］．软科学，2016，30（6）：30－34＋56.

[32] 黄莹莹，郝海．第三方回收再制造供应链的收益共享契约协同［J］．天津职业技术师范大学学报，2017，27（2）：48－52.

[33] 桑凡，郑汉东，李恩重，史佩京，徐滨士．绿色再制造产品经济性研究［J］．标准科学，2016（S1）：16－21.

[34] 高鹏，杜建国，聂佳佳，陆玉梅．不同权力结构对再制造供应链技术创新策略的影响［J］．管理学报，2016，13（10）：1563－1570.

[35] 熊中楷，李根道，唐彦昌，等．网络环境下考虑动态定价的渠道协调问题研究［J］．管理工程学报，2007，21（3）：49－55.

[36] 柯庆镝，王辉，刘光复，等．基于性能参数的主动再制造时机分析方法［J］．中国机械工程，2016，27（14）：1899－1904.

[37] 周珊珊．基于生命周期视角的再制造时间点选择模型［D］．大连理工大学，2014.

[38] 宋守许，刘明，柯庆镝，等．基于强度冗余的零部件再制造优化设计方法［J］．机械工程学报，2013，49（9）：121－127.

[39] 周旋．机电产品主动再制造设计及时机调控方法［D］．合肥工业大学，2015.

[40] 江乐果．基于发动机曲轴磨损量的主动再制造时机分析方法［D］．合肥工业大学，2015.

[41] 徐斌祥．独立发动机再制造商模式下物流网络设施选址研究［D］．江西理工大学，2013.

[42] 马丽娜，李建华．基于再制造过程的逆向物流外包战略决策模型研究［J］．管理现代化，2013（6）：87－89.

[43] 钟映竑，黄鑫．再制造环境下第三方物流回收企业运输计划的研究［J］．广东工业大学学报，2014（4）：20－25.

[44] 阳成虎，何丽金，陈杜添，等．基于回收和再制造渠道选择的制造/再制造生产决策［J］．计算机集成制造系统，2018，24（4）．

[45] 许民利，梁红燕，简惠云．产品质量和 WTP 差异下的制造/再制造生产决策［J］．控制与决策，2016（3）：467－476.

[46] 伍颖，熊中楷．制造商与在位再制造商的再制造生产决策研究［J］．系统工程学报，2015，30（4）：554－565.

[47] Wei S，Cheng D，Sundin E，et al. Motives and barriers of the remanufacturing industry in China［J］. Journal of Cleaner Production，2015，94：340－351.

[48] 杨桂菊，刘善海．从 OEM 到 OBM：战略创业视角的代工企业转型升级——基于比亚迪

的探索性案例研究 [J]. 科学学研究, 2013, 31 (2): 240 - 249.

[49] Wu C H, Wu H H. Competitive remanufacturing strategy and take - back decision with OEM remanufacturing [J]. Computers & Industrial Engineering, 2016, 98: 149 - 163.

[50] 石岿然, 孙玉玲, 吴鸽. 再制造市场 OEM 与 UOEM 的博弈与学习研究 [J]. 运筹与管理, 2015 (1): 129 - 136.

[51] Zou Z B, Wang J J, Deng G S, et al. Third - party remanufacturing mode selection: Outsourcing or authorization? [J]. Transportation Research Part E, 2016, 87: 1 - 19.

[52] Chen D, Wei W, Hu D, et al. Survival strategy of OEM companies: a case study of the Chinese toy industry [J]. International Journal of Operations & Production Management, 2016, 36 (9): 1065 - 1088.

[53] Agrawal A, Meyer A D, Wassenhove L N V. Managing Value in Supply Chains [J]. California Management Review, 2014, 56 (2): 23 - 54.

[54] Statham S, Knowledge P. Remanufacturing Towards a More Sustainable Future [J]. 2006.

[55] Arcidiacono G, Bucciarelli L. TRIZ: Engineering Methodologies to Improve the Process Reliability [J]. Quality & Reliability Engineering International, 2016, 32 (7): 2537 - 2547.

[56] Li S, Peitz M, Zhao X. Information disclosure and consumer awareness [J]. Journal of Economic Behavior & Organization, 2016, 128: 209 - 230.

[57] 胡俊峰. 再制造服务供应商评价与决策研究 [D]. 武汉科技大学, 2017.

[58] 刘湘云. 不确定环境下混合制造 - 再制造系统批量优化研究 [D]. 东南大学, 2017.

[59] 王蕾, 夏绪辉, 熊颖清, 等. 再制造服务资源模块化方法及应用 [J]. 计算机集成制造系统, 2016, 22 (9): 2204 - 2216.

[60] 仝俊华. 回收率对废旧汽车再制造产品回收渠道选择的影响 [J]. 价值工程, 2016, 35 (29): 83 - 85.

[61] Chen W D, Fang - Jun N I. Manufacturing/Remanufacturing Decision Based on Remanufacturing Service Mode under Carbon Limitation [J]. Industrial Engineering & Management, 2018.

[62] Liao T Y. Reverse Logistics Network Design for Product Recovery and Remanufacturing [J]. Applied Mathematical Modelling, 2018, 60.

[63] 陈安妮. 消费者中心理论重构下的品牌与消费者互动关系模型建构 [J]. 商业经济研究, 2015 (24): 69 - 70.

[64] 龙哲, 申桂香, 张英芝, 等. 基于浴盆曲线的数控机床早期故障试验时间研究 [J]. 机床与液压, 2017, 45 (11): 175 - 178.

[65] Guidat T, Barquet A P, Widera H, et al. Guidelines for the Definition of Innovative Industrial Product - service Systems (PSS) Business Models for Remanufacturing [J]. Procedia Cirp, 2014, 16 (2): 193 - 198.

［66］熊颖清，夏绪辉，王蕾，等．面向多生命周期的再制造服务活动决策方法研究［J］．机械设计与制造，2017（2）：108－111.
［67］刘宇熹．再制造下闭环产品服务系统协调优化研究［D］．上海财经大学，2014.
［68］刘姣．模糊机会约束规划问题的求解方法［D］．大连理工大学，2016.
［69］王蕾，夏绪辉，熊颖清，等．再制造服务资源模块化方法及应用［J］．计算机集成制造系统，2016，22（9）：2204－2216.
［70］Ma X，Ma C，Wan Z，et al. A fuzzy chance－constrained programming model with type 1 and type 2 fuzzy sets for solid waste management under uncertainty［J］. Engineering Optimization，2016，49（6）：1040－1056.
［71］Zang J，Song L L，University L. Research on the Evaluation Model of Alliance Enterprise for Complex Product Based on AHP［J］. Journal of Liaoning University，2018.
［72］Chen Y，Zhou G. Research on Multi－agent System in Intelligent Manufacturing with Enterprise Alliance［C］// International Conference on Industrial Informatics － Computing Technology，Intelligent Technology，Industrial Information Integration. IEEE，2016：172－175.
［73］Wang X F，Ying－Liang W U，Huang Y，et al. Research on the Benefit Distribution of Dynamic Alliance Enterprise Mobile Payment Business Model Based on Cooperative Game［J］. Operations Research & Management Science，2017.
［74］赵炎，王琦，郭霞婉．战略联盟企业间创新网络的创新绩效研究［J］．华东经济管理，2014（1）：108－112.
［75］尹祖美．提升安全防护核心技术保护重要网络数据［J］．信息技术与信息化，2018（7）：12－14.
［76］连新凯．促进我国新能源汽车产业核心技术研发的政策路径研究［D］．吉林财经大学，2016.
［77］Chen F Q，Jin fa X U. Competition and cooperation is the best model of enterprise knowledge alliance［J］. Studies in Science of Science，2001.
［78］张甜瑜．知识产权保护对我国工业企业技术创新能力的影响［J］．经贸实践，2016（23）.
［79］Tian G，Zhang H，Feng Y，et al. Operation Patterns Analysis of Automotive Components Remanufacturing Industry Development in China［J］. Journal of Cleaner Production，2017，164.
［80］Fang L H，Lerner J，Chaopeng W. Intellectual Property Rights Protection，Ownership，and Innovation：Evidence from China［J］. Nber Working Papers，2016.
［81］王辉．基于服役性能的主动再制造时域决策方法［D］．合肥工业大学，2017.
［82］刘涛．主动再制造时间区域决择及调控方法研究［D］．合肥工业大学，2012.
［83］Lu H J，Guo W. Research on Engine Remanufacturing Recovery Mode Considering Public Serv-

ice Advertising [J]. 2016.

[84] Garetto A, Schulz K, Tabbone G, et al. To repair or not to repair: with FAVOR there is no question [C] // Photomask Technology. Photomask Technology 2016, 2016.

[85] Liu G. Time Interval Decision – making Methods for Active Remanufacturing Product Based on Game Theory and Neural Network [J]. Journal of Mechanical Engineering, 2013, 49 (7): 29.

[86] Xiang Q, Zhang H, Jiang Z G, et al. A Decision – making Method for Active Remanufacturing Time Based on Environmental and Economic Indicators [J]. International Journal of Online Engineering, 2016, 12 (12): 32.

[87] Song S, Ming L, Liu G, et al. Theories and Design Methods for Proactive Remanufacturing of Modern Products [J]. Journal of Mechanical Engineering, 2016, 52 (7): 133 – 141.

[88] 周旋. 机电产品主动再制造设计及时机调控方法 [D]. 合肥工业大学, 2015.

[89] Yang S S, Ong S K, Nee A Y C. A Decision Support Tool for Product Design for Remanufacturing [J]. Procedia Cirp, 2016, 40: 144 – 149.

[90] 张丹, 于福才, 廖攀, 周朝宾, 蔡宗琰. 再制造设计在食品机械中的应用 [J]. 食品与机械, 2018, 34 (1): 95 – 99.

[91] 袁启佳. 食品机械中常见的腐蚀现象及对策 [J]. 食品安全导刊, 2015 (27): 70 – 70.

[92] 郑林坤. 食品机械中常见的腐蚀现象与防止方法 [J]. 消费导刊, 2017 (29).

[93] You X X, Zhang R Y, Gao X Y. The Study on the Pollution of Food by Lubricant for Food Machinery [J]. Food Industry, 2017. (3)

[94] 龙升照. 人的操作可靠性研究 [C]//. 中国系统工程学会. 人 – 机 – 环境系统工程创立20周年纪念大会暨第五届全国人 – 机 – 环境系统工程学术会议论文集, 2001: 6.

[95] 张根保, 张坤能, 王扬, 等. 多台数控机床强度函数浴盆曲线建模技术研究 [J]. 机械科学与技术, 2016, 35 (1): 104 – 108.

[96] Chen T, Gong E. Reliability Analysis of Mechanical Products Based on Regenerative Samples [C] // Advances in Materials, Machinery, Electrical Engineering. 2017.

[97] 刘清涛, 陈旭锋, 王其锋. 基于威布尔分布的工程机械主动再制造时机预测 [J]. 广西大学学报: 自然科学版, 2018, 43 (3): 958 – 964.

[98] Wais P. Two and three – parameter Weibull distribution in available wind power analysis [J]. Renewable Energy, 2016, 103.

[99] Hao X L, Lei X B, Lei D Y, et al. Comparative Study on Parameter Estimation of Three – Parameter Weibull Distribution [J]. Mechanical Research & Application, 2017.

[100] Zhou P, Zhou M, XIE Ying, et al. Research of risk assessment reliability of relay protection based on three – parameter Weibull distribution [J]. Industry & Mine Automation, 2016.

[101] 凌丹. 威布尔分布模型及其在机械可靠性中的应用研究 [D]. 电子科技大学, 2011.

[102] Anitha P, Parvathi P. An inventory model with stock dependent demand, two parameter Weibull distribution deterioration in a fuzzy environment [C] //IEEE. Online International Conference on Green Engineering and Technologies. 2017: 1-8.

[103] 郭泰. 工程设计中机械可靠性应用方法的研究 [J]. 山东工业技术, 2018 (17): 220.

[104] 陈昌, 汤宝平, 吕中亮. 基于威布尔分布及最小二乘支持向量机的滚动轴承退化趋势预测 [J]. 振动与冲击, 2014, 33 (20): 52-56.

[105] 刘清涛, 陈旭锋, 王其锋. 基于威布尔分布的工程机械主动再制造时机预测 [J]. 广西大学学报: 自然科学版, 2018 (3).

[106] Zong D. Application of Least Square Method [J]. Journal of Qingdao Institute of Chemical Technology, 1998.

[107] 张秋实. 基于可靠性分析的数控弯管机寿命周期管理策略研究 [D]. 吉林大学, 2016.

[108] Lei W S. A cumulative failure probability model for cleavage fracture in ferritic steels [J]. Mechanics of Materials, 2016, 93: 184-198.

[109] 洗瓶机风评报告. https: //wenku. baidu. com/view/c8d6a4ef284ac850ad02425a. html.

[110] 张锐, 张纪会. 基于再制造系统的闭环供应链物流网络设计优化 [J]. 青岛大学学报: 自然科学版, 2007, 20 (4): 82-86.

[111] 高郢. 再制造物流网络设施选址及稳健性优化研究 [D]. 东南大学, 2006.

[112] 姚飞, 王波. 供应链环境下制造商和零售商合作关系演化研究 [J]. 物流工程与管理, 2015 (9): 139-141.

[113] Lu H J, Guo W. Research on Engine Remanufacturing Recovery Mode Considering Public Service Advertising [J]. 2016.

[114] 袁艺. 基于循环经济的办公设备再制造的运营模式研究 [D]. 南京林业大学, 2014.

[115] Agrawal S, Singh R K, Murtaza Q. A literature review and perspectives in reverse logistics [J]. Resources Conservation & Recycling, 2015, 97: 76-92.

[116] Govindan K, Soleimani H, Kannan D. Reverse logistics and closed-loop supply chain: A comprehensive review to explore the future [J]. European Journal of Operational Research, 2015, 240 (3): 603-626.

[117] Qiang S. Research on the influencing factors of reverse logistics carbon footprint under sustainable development [J]. Environmental Science & Pollution Research, 2016, 24 (29): 1-9.

[118] 郭秀红. 基于可持续发展的逆向物流及其管理 [J]. 农家参谋, 2018 (17): 250-251.

[119] 高阳, 刘军. 基于第三方回收再制造逆向物流网络设计 [J]. 计算机系统应用, 2013, 22 (7): 16-21.

[120] Antonyová A, Antony P, Soewito B. Logistics Management: New trends in the Reverse Logis-

tics [C]. Journal of Physics Conference Series, 2016.

[121] Govindan K, Soleimani H. A review of reverse logistics and closed – loop supply chains: a Journal of Cleaner Production focus [J]. Journal of Cleaner Production, 2016, 142.

[122] 徐运良. 废旧电子产品逆向物流网络规划研究 [D]. 天津工业大学, 2017.

[123] Cannella S, Bruccoleri M, Framinan J M. Closed – loop supply chains: What reverse logistics factors influence performance? [J]. International Journal of ProductionEconomics, 2016, 175: 35 – 49.

[124] 龙晓枫, 田志龙, 侯俊东. 社会规范对中国消费者社会责任消费行为的影响机理研究 [J]. 管理学报, 2016, 13 (1): 115.

[125] Boccia F, Covino D. Corporate and Consumer Social Responsibility in the Italian Food Market System [M]. Social Responsibility. 2018.

[126] 盛光华, 葛万达, 汤立. 消费者环境责任感对绿色产品购买行为的影响——以节能家电产品为例 [J]. 统计与信息论坛, 2018 (5).

[127] Hosta M, Žabkar V. Consumer Sustainability and Responsibility: Beyond Green and Ethical Consumption [J]. Tržište/market, 2016, 28.

[128] Scott M L, Nenkov G Y. Using consumer responsibility reminders to reduce cuteness – induced indulgent consumption [J]. Marketing Letters, 2016, 27 (2): 323 – 336.

[129] 邢会强. 论消费者的责任 [J]. 北方法学, 2013, 7 (5): 110 – 116.

[130] 郭琛. 论消费者的社会责任 [J]. 西北大学学报: 哲学社会科学版, 2014, 44 (3): 55 – 60.

[131] 周阳. VMI模式下库存与运输集成化模型及算法研究 [D]. 中南大学, 2012.

[132] 徐友良, 周阳. VMI模式下库存与运输集成优化研究 [J]. 铁道运输与经济, 2017, 39 (3): 26 – 31.

[133] 刘娟. 闭环供应链再制造策略及模式研究 [D]. 西南交通大学, 2014.

[134] Barrio E D, Loubes J M. Central Limit Theorem for empirical transportation cost in general dimension [J]. 2017.

[135] 武梦梦. 返回补偿策略下制造与再制造的最优决策 [D]. 天津大学, 2014.

[136] 周蓉. 装卸一体化车辆路径问题优化模型及算法研究 [D]. 合肥工业大学, 2016.

[137] 袁庆达. 随机库存 – 运输联合优化问题研究 [D]. 西南交通大学, 2002.

[138] Baldacci R, Toth P, Vigo D. Exact algorithms for routing problems under vehicle capacity constraints [J]. Annals of Operations Research, 2010, 175 (1): 213 – 245.

[139] 石兆. 物流配送选址 – 运输路径优化问题研究 [D]. 中南大学, 2014.

[140] 张玉分, 龙金莲, 李婧, 等. 基于免疫粒子群优化的主动悬架LQG控制研究 [J]. 计算机工程与应用, 2018 (6).

[141] Eberhart R, Kennedy J. A new optimizer using particle swarm theory [C]. Proceedings of the Sixth International Symposium on Micro Machine and Human Science. IEEE, 2002: 39 - 43.

[142] 翟勇洪，梁玲，刘宇熹，谢家平. 面向大规模定制的再制造集约生产计划模型 [J]. 上海理工大学学报，2014，36 (6): 603 - 613.

[143] Deng A M, Jiang F Z. A Study on the Coordination between Demand and Production Plan of Recycling Remanufacturing Enterprises [J]. East China Economic Management, 2014.

[144] Junior M L, Filho M G. Master disassembly scheduling in a remanufacturing system with stochastic routings [J]. Central European Journal of Operations Research, 2017, 25 (1): 1 - 16.

[145] 楼高翔，周可，周虹，范体军. 面向随机需求的绿色再制造综合生产计划 [J]. 系统管理学报，2016，25 (1): 156 - 164.

[146] 王存存，徐旭. 逆向物料需求计划系统的运作逻辑研究 [J]. 商业经济研究，2010 (9): 33 - 34.

[147] 赵鹏. 逆向物流环境下再制造生产计划问题研究 [D]. 西安电子科技大学，2010.

[148] 刘业峰，柴天佑. 烧结钕铁硼成型生产计划编制的混合优化算法 [J]. 南京理工大学学报：自然科学版，2016，40 (6): 679 - 686.

[149] Sakao T, Mizuyama H. Understanding of a product/service system design: a holistic approach to support design for remanufacturing [J]. Journal of Remanufacturing, 2014, 4 (1): 1.

[150] 张传杰. 基于 B/S 模式的工程机械再制造产品信息追溯系统研究 [D]. 湖南大学，2014.

[151] 张辉，张华，向琴，等. 混凝土泵车再制造性评价与信息管理支持系统的设计及应用 [J]. 现代制造工程，2015 (8): 35 - 41.

[152] The role of Product - service Systems Regarding Information Feedback Transfer in the Product Life - cycle Including Remanufacturing.

[153] 李猛，刘欢. 中国特色汽车零部件再制造信息化管理系统研究与应用 [J]. 再生资源与循环经济，2017，10 (8): 20 - 23.

[154] 刘清涛. 再制造系统车间调度研究 [D]. 长安大学，2011.

[155] Sakao, Tomohiko, and H. Mizuyama. Understanding of a product/service system design: a holistic approach to support design for remanufacturing [J]. Journal of Remanufacturing, 2014: 1.

[156] 夏志军. 利用 Delphi 实现 SQL Server 数据库与 Matlab 的无缝集成 [J]. 黑龙江科技信息，2009 (23): 62 - 62.

[157] Yun Q. Collaborative design system of remanufactured product based on knowledge management [C]//IEEE. International Conference on Information Science and Engineering. 2011:

5744 – 5747.

[158] Yun, Qiaoyun. Collaborative design system of remanufactured product based on knowledge management [C]//IEEE. International Conference on Information Science and Engineering 2011: 5744 – 5747.

[159] Jiang Y. Study on the interface programming of delphi and matlab based on com [J]. Computer Applications & Software, 2008.

[160] 任禀洁，王琦，李云璋，等. Delphi 与 Matlab 混合编程实现对混凝土坝扬压力灰色模型预测 [J]. 水利与建筑工程学报，2014 (5)：147 – 149.

[161] 郑威，王志，冉祥涛，等. 基于 Delphi 和 MATLAB 混合编程的波浪估计算法实现 [J]. 山东科学，2016，29 (1)：7 – 13.

[162] 陈俊. 基于约束理论的再制造生产系统设计、建模与仿真技术研究 [D]. 吉林大学，2009. 12.

[163] 王凌. 车间调度及其遗传算法 [M]. 北京：清华大学出版社，2003.

[164] 李恩重，史佩京，徐滨士，等. 我国再制造政策法规分析与思考 [J]. 机械工程学报，2015，51 (19)：117 – 123.

[165] 徐震浩，顾幸生. 不确定条件下的 Flow Shop 问题的免疫调度算法 [J]. 系统工程学报，2005，20 (4)：374 – 375.

[166] 耿兆强，邹益仁. 基于遗传算法的作业车间模糊调度问题的研究 [J]. 计算机集成制造系统，2002，8 (8)：616 – 620.

[167] 于艾清，顾幸生. 基于广义粗糙集的不确定条件下的 Flop Shop 调度 [J]. 系统仿真学报，2006，18 (12)：3369 – 3372.

[168] 陈信同，李帮义，王哲，魏杉汀. 政府率规制对再制造竞争的影响 [J/OL]. 计算机集成制造系统.

[169] 许炼. 以中国首个食品无人工厂为例浅析“电子信息 + 计算机”技术对于食品机械智能化的影响 [J]. 中国战略新兴产业，2018 (4)：82 – 83.

[170] 尚文利，范玉顺. 成批生产计划调度的集成建模与优化 [J]. 计算机集成制造系统，2005，11 (2)：1663 – 1667.

[171] 姚爽. 绿色信息对再制造品购买意向的影响实证研究 [J]. 北京交通大学，2015.

[172] 董兴辉，高陆，徐晓慧，等. 协同装配信息集成建模及装配序列规划研究 [J]. 计算机辅助设计与图形学学报，2003，15 (7)：823 – 827.

[173] 王文宾，达庆利. 再制造逆向供应链协调的奖励、惩罚及奖惩机制比较 [J]. 管理工程学报，2010，24 (4)：48 – 52 + 77.

[174] 王冯昱，张玉春. 制造商和销售商回收品质量检测演化博弈系统动力学分析 [J]. 物流工程与管理，2018，40 (1)：120 – 124 + 114.

[175] Chitra K. In search of the green consumers: A perceptual study [J]. Journal of Services Research, 2007.

[176] 葛静燕，黄培清，李娟．社会环保意识和闭环供应链定价策略——基于纵向差异模型的研究 [J]. 工业工程与管理，2007 (4): 6-10+24.

[177] 房巧红．政府在再制造产业发展中的推动作用分析 [J]. 生产力研究，2009 (17): 137-139+205.

[178] Straughan R D, Roberts J A. Environmental segmentation alternatives: a look at green consumer behavior in the new millennium [J]. Journal of Consumer Marketing, 1999, 16 (6): 558-575.

[179] 许嘉文，朱庆华．消费者对再制造产品购买意愿的驱动机理研究——基于再生打印耗材的实证研究视角 [J]. 科技与管理，2017, 19 (3): 78-85.

[180] Zitzler E., Thiele L.. Multi-objective evolutionary algorithms: A comparative case study and the strength pareto approach [J]. IEEE Transactions on Evolutionary C-omputation. 1999, 3 (4): 257-271.

[181] Mansouri S. A.. Multi-Objective Genetic Algorithm for mixed-model sequencing on JIT assembly lines [J]. European Journal of Operational Research, 2005, 167 (3): 696-716.

[182] WANG Xianpeng, TANG Lixin. A tabu search heuristic for the hybrid flow shop scheduling with finite intermediate buffers [J]. Computers and Operations Research, 2009, 36: 907-918.

[183] Erik S., Bert B.. Making functional sales environmentally and economically ben-eficial through product remanufacturing [J], Journal of Cleaner Production, 2005, 13 (9): 913-925.

[184] Topcu A.. A heuristic approach based on golden section mulation-optimization for reconfigurable remanufacturing inventory space planning [D]. Northeastern Univ-ersity, 2009. 8.

[185] Mansouri S. A.. Multi-Objective Genetic Algorithm for mixed-model sequencing on JIT assembly lines [J]. European Journal of Operational Research, 2005, 167 (3): 696-716.

[186] Guide Jr.. Scheduling with priority dispatching rules and drum-buffer-rope in a recoverable manufacturing system [J]. International Journal of Production Econo-mics, 1999 (1): 101-116.

[187] Kim K., Song I., Kim J., et al. Supply planning model for remanufacturing sy-stem in reverse logistics environment [J]. Computers and Industrial Engineering, 2006, 51 (2): 279-287.

[188] Luh Peter B., Yu Danqing, Soorapanth S., et al. Alagrangian relaxation based approach to schedule asset overhaul and repair services [J]. IEEE Transactions o n Automation Science

and Engineering, 2005, 2 (2): 145 - 156.

[189] Clegg A. J. , Williams D. J. , Uzsoy R. . Production planning for companies with remanufactureing capability [C]. Proceedings of the 1995 IEEE International Sym - posium on Electronics and the Environment. Orlando, USA, 1995: 186 - 191.

[190] Barbopoulos I, Johansson L O. The Consumer Motivation Scale: Development of a multi - dimensional and context - sensitive measure of consumption goals [J]. Jour nal of Business Research, 2017, 76: 118 - 126.

[191] 张丹, 王晶, 蔡宗琰. 基于二维码使用的搬运车设计及其路径优化 [J]. 制造业自动化, 2017, 39 (9): 23 - 25.

[192] Nadar S, Reddy S. From Instrumentalization to Intellectualization [J]. Journal of Feminist Studies in Religion, 2016, 32 (1): 136 - 142.